INSTALACIONES SOLARES FOTOVOLTAICAS

Copyright © 2024 José Antonio Gascón Pérez

A mi mujer Celina, por estar siempre a mi lado apoyándome en todos mis proyectos, y a todos aquellos que hicieron posible que este libro vea la luz.

El autor

ÍNDICE

1. **Identificación de los elementos de las instalaciones de energía solar fotovoltaica** 1

    1.1. Tipos de paneles 2
    1.2. Placa de características 7
    1.3. Sistemas de agrupamiento y conexión de paneles 9
    1.4. Tipos de acumuladores 11
    1.5. Reguladores 15
    1.6. Conversores 18
    1.7. Actividades 23

2. **Configuración de las instalaciones de energía solar fotovoltaica** 27

    2.1. Niveles de radiación. Unidades de medida 28
    2.2. Orientación e inclinación 31
    2.3. Determinación de sombras 38
    2.4. Cálculo de paneles 41
    2.5. Cálculo de baterías 43
    2.6. Caídas de tensión y sección de conductores 45
    2.7. Esquemas y simbología 52
    2.8. Actividades 54

3. **Montaje de los paneles de las instalaciones de energía solar fotovoltaica** 65

    3.1. Estructuras de sujeción de paneles 66
    3.2. Tipos de esfuerzos. Cálculo elemental de esfuerzos 70
    3.3. Materiales. Soportes y anclajes 74
    3.4. Sistemas de seguimiento solar 78
    3.5. Motorización y sistema automático de seguimiento solar 80
    3.6. Integración arquitectónica y urbanística 81
    3.7. Actividades 86

4. Montaje de las instalaciones de energía solar fotovoltaica 89

    4.1. Características de la ubicación de los acumuladores 90
    4.2. Conexión de baterías 91
    4.3. Ubicación y fijación de equipos y elementos 95
    4.4. Conexión 97
    4.5. Esquemas y simbología 101
    4.6. Conexión a tierra 105
    4.7. Actividades 109

5. Mantenimiento y reparación de las instalaciones de energía solar fotovoltaica 113

    5.1. Instrumentos de medida específicos (solarímetro, densímetro, entre otros) 114
    5.2. Revisión de paneles: limpieza y comprobación de conexiones 119
    5.3. Conservación y mantenimiento de baterías 121
    5.4. Comprobaciones de los reguladores de carga 122
    5.5. Comprobaciones de los conversores 123
    5.6. Averías tipo en instalaciones fotovoltaicas 124
    5.7. Actividades 126

6. Conexión a la red de las instalaciones de energía solar fotovoltaica aisladas 129

    6.1. Reglamentación vigente 130
    6.2. Solicitud y condiciones 132
    6.3. Punto de conexión 134
    6.4. Protecciones 136
    6.5. Tierras 137
    6.6. Armónicos y compatibilidad electromagnética 138
    6.7. Verificaciones 138
    6.8. Medida de consumos 139
    6.9. Actividades 140

7. Prevención de riesgos laborales y protección ambiental 143

    7.1. Identificación de riesgos 144

    7.2. Determinación de las medidas de prevención de riesgos laborales 145

    7.3. Prevención de riesgos laborales en los procesos de montaje y mantenimiento 148

    7.4. Equipos de protección individual 149

    7.5. Cumplimiento de la normativa de prevención de riesgos laborales 154

    7.6. Cumplimiento de la normativa de protección ambiental 155

    7.7. Actividades 156

UNIDAD 1
IDENTIFICACIÓN DE LOS ELEMENTOS DE LAS INSTALACIONES DE ENERGÍA SOLAR FOTOVOLTAICA

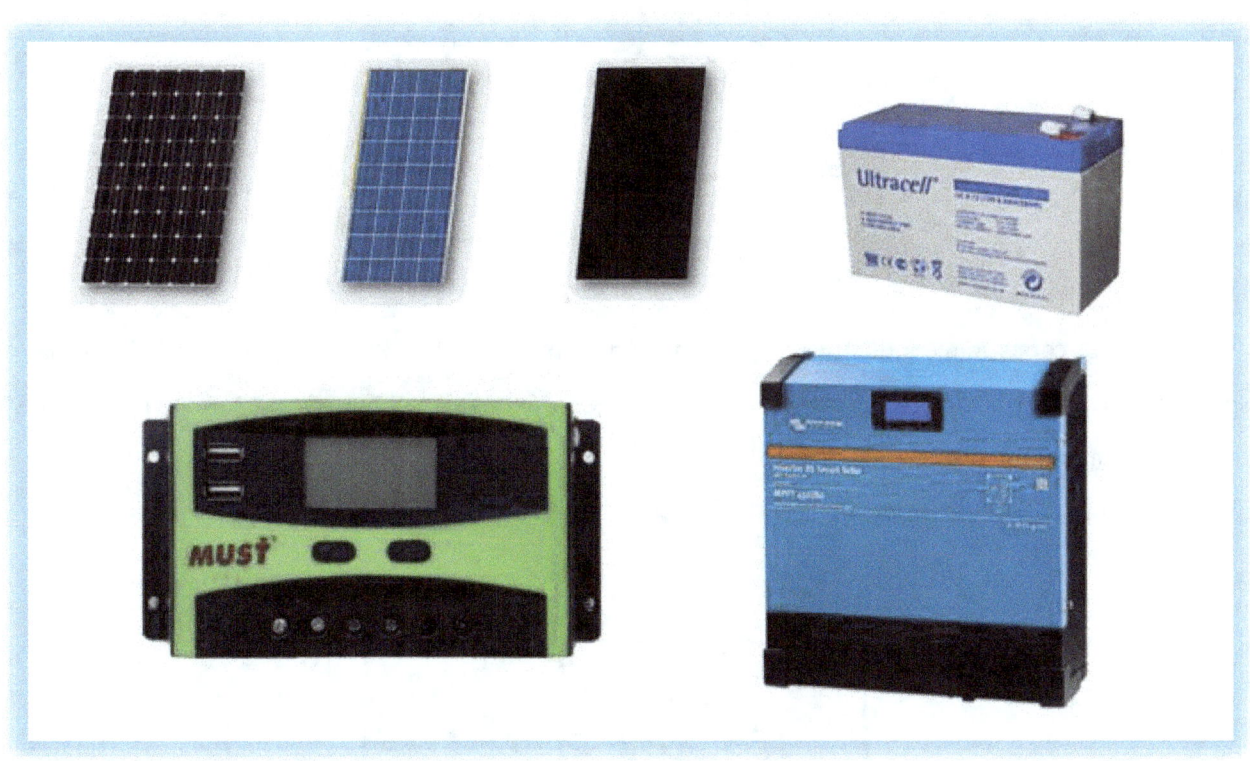

1. IDENTIFICACIÓN DE LOS ELEMENTOS DE LAS INSTALACIONES DE ENERGÍA SOLAR FOTOVOLTAICA

1.1. Tipos de paneles

- Celdas fotovoltaicas

Los paneles o módulos fotovoltaicos están formados por un conjunto de elementos llamados células fotovoltaicas.

Una celda fotovoltaica está constituida por una lámina de un material semiconductor, normalmente silicio (tetravalente), dopado con cierta cantidad de boro (trivalente), con lo que tiene huecos generados por carencia de un electrón, quedando así constituida una región P. Sobre esta lámina hay otra más delgada, también de silicio, dopada con fósforo (pentavalente), que genera ciertos excesos de electrones, constituyendo de esta forma la región N.

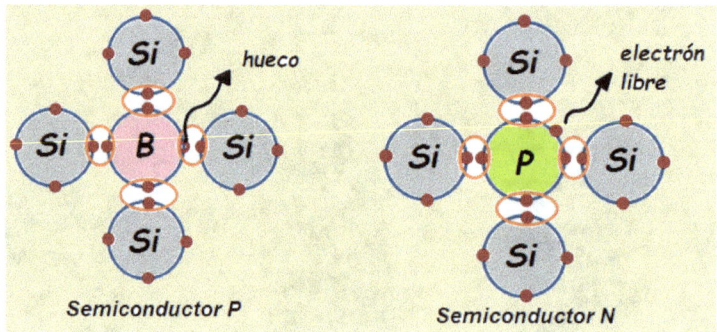

Al unir las dos capas semiconductoras se obtiene la denominada unión PN, y en esa zona de unión se produce una recombinación de huecos y electrones, generándose una pequeña barrera de potencial. Si se somete la unión a una tensión directa (positivo a la unión P y negativo a la unión N) que supere esa barrera de potencial (menor de 1 voltio), se produce la circulación de corriente.

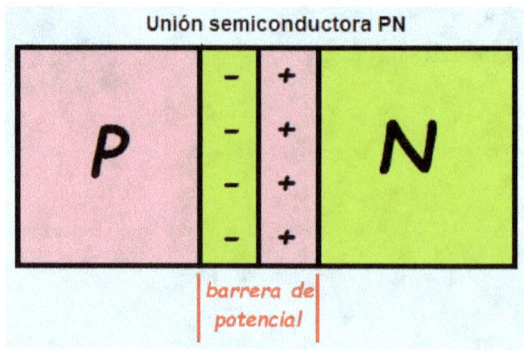

- ✓ Efecto fotovoltaico

Una vez explicada la constitución de la celda, veamos lo que es el efecto fotovoltaico:

Cuando incide la radiación solar sobre la capa N de la célula sus electrones se energizan, rompiéndose la barrera de potencial, generando una tensión en la celda que oscila alrededor de los 0,5 V, y provocando la circulación de corriente si se cierra el circuito cuyo generador son las dos capas P y N que forman la unión, tal y como se aprecia la figura.

Cuanta más radiación incide sobre la célula, mayor es la intensidad que produce, manteniéndose la tensión en un rango bastante constante dentro de unos límites.

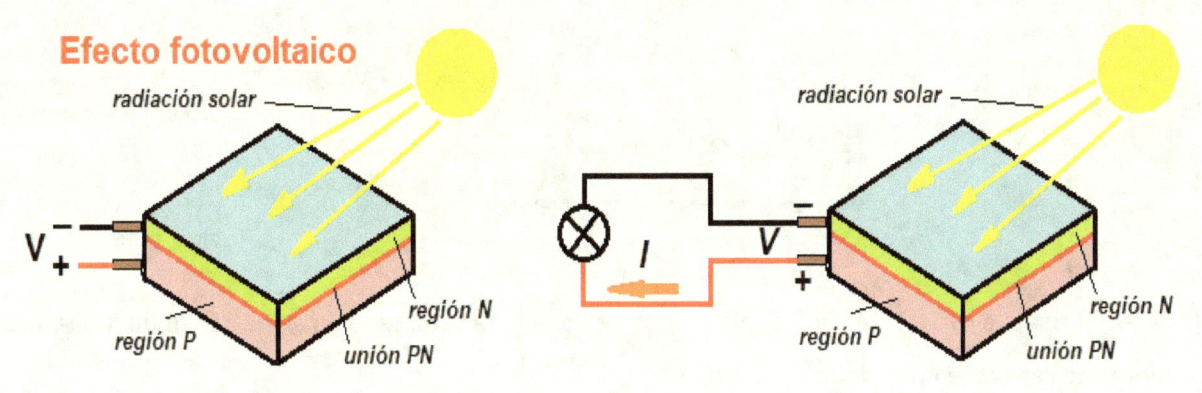

- ✓ Curvas de una celda

En las figuras se pueden observar las curvas tensión-intensidad y tensión-potencia de una celda fotovoltaica.

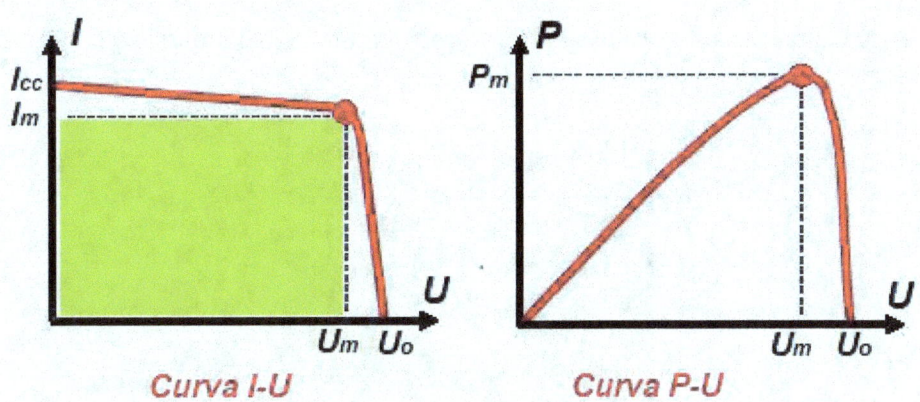

En la curva I-U se observa marcado el punto en el que la celda aporta la máxima potencia, cuyos valores se denominan intensidad de máxima potencia Im y tensión de máxima potencia Um. El área del rectángulo verde bajo la curva sería el producto de ambas, es decir, la máxima potencia Pm. Se aprecia, como es lógico, que cuando la tensión es cero (nula), la corriente de la celda es la de cortocircuito Icc, y cuando la celda está abierta, la corriente es nula y su valor es la tensión de circuito abierto Uo.

Cuanta más radiación reciba la celda, mayor cantidad de energía y potencia producirá, lo que se traduce en que sus curvas I-U tienen valores más elevados de corriente y tensión, tal y como podemos ver en la figura:

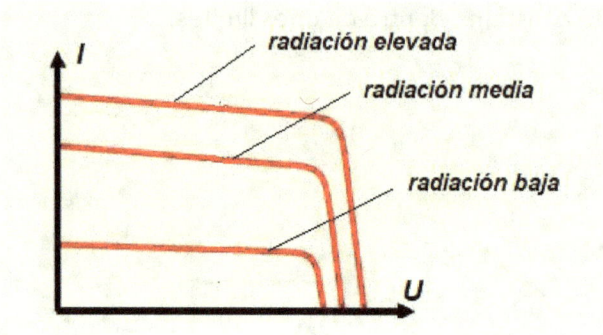

A la derecha se ve la curva P-M, cuyos valores de potencia para cada tensión se obtienen de multiplicar los valores de tensión e intensidad de la curva anterior.

- ✓ Factor de forma

De las curvas anteriores sale el concepto del factor de forma que mide de alguna manera la eficiencia de la celda, oscilando sus valores entre 0,7 y 0,8, y que viene dado por el siguiente cociente sin unidades:

$$FF = \frac{P_m}{U_o \cdot I_{cc}} = \frac{U_m \cdot I_m}{U_o \cdot I_{cc}}$$

Si nos fijamos en la figura, sería el cociente entre el área del rectángulo amarillo y la del rectángulo verde.

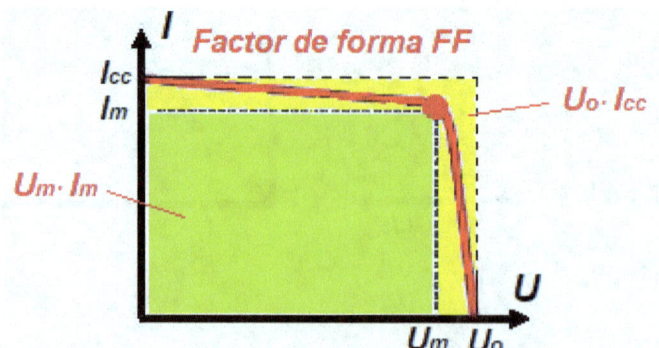

Ejercicio resuelto:

Se quiere saber la eficiencia de una celda fotovoltaica sabiendo que su tensión de circuito abierto es de 0,6 V, su corriente de cortocircuito de 2,8 A, y la potencia máxima que proporciona es de 1,3 W. Aplicando la fórmula del factor de forma, tenemos:

$$FF = \frac{P_m}{U_o \cdot I_{cc}} = \frac{1,3}{0,6 \cdot 2,8} = \mathbf{0,7788}$$

- Paneles fotovoltaicos

Los paneles fotovoltaicos están formados por un conjunto de celdas conectadas en serie entre ellas, consiguiendo con ello aumentar la tensión de salida del panel o módulo fotovoltaico. También se pueden hacer conexiones en paralelo para aumentar la intensidad de salida del panel.

El conjunto de celdas está encapsulado en el interior de un material denominado EVA (etil vinilo acetato) que es transparente para permitir que la luz llegue a las celdas y permite su adhesión a la cubierta exterior de vidrio templado que facilita igualmente una alta transmisión de la luz solar a través de él. La parte posterior le protege de la entrada de agua y humedad, y suele ser de un material de polímero de color claro denominado Tedlar.

Hay paneles que pueden recibir la luz por ambos lados, siendo en este caso ambas cubiertas de material transparente.

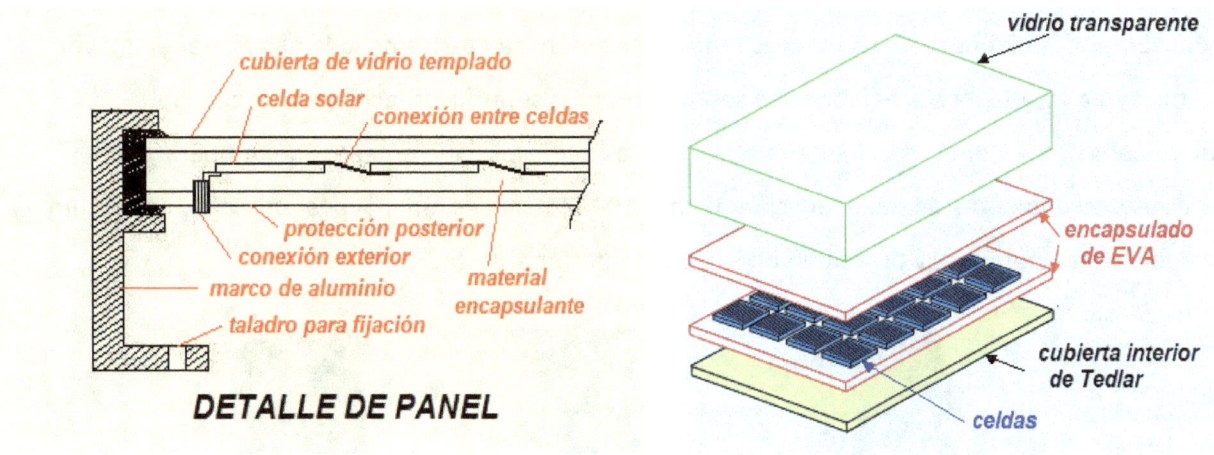

- Tipos de paneles

Dependiendo de la estructura interna de las celdas de silicio, podemos encontrarnos con diferentes tipos de paneles:

- ✓ Monocristalinos

Son paneles constituidos por un único cristal de silicio de estructura uniforme y de alta pureza, lo que le permite tener un rendimiento superior (18-25%) a los demás tipos, además de una mayor vida útil y un mejor funcionamiento cuando la radiación solar es baja.

Como desventajas, tenemos que su rendimiento baja con temperaturas altas, son más caros, y les afectan más las zonas de sombra.

- ✓ Policristalinos

En este caso los paneles están formados por muchos cristales de silicio de forma cuadrada, siendo su color irregular, y de menor rendimiento (16-20%) que los monocristalinos, teniendo como ventajas, un proceso de fabricación más económico, sencillo y con menor desperdicio de silicio, un mejor comportamiento con temperaturas altas, y peor rendimiento con bajas radiaciones solares.

Como desventajas, necesitan más superficie que los monocristalinos al tener menor rendimiento (para una misma potencia).

- ✓ De capa delgada

Se fabrican colocando varias capas de material fotovoltaico sobre una superficie de cristal o similar. Dependiendo del material de las capas tenemos:

- Silicio amorfo (a-Si)
- Teluluro de Cadmio (Cd-Te)
- Cobre, Indio, Galio y Selenio (GIS/CIGS)
- Celdas fotovoltaicas orgánicas (OPC)

Como ventajas, se fabrican de forma más sencilla y económica que los policristalinos, tienen mayor homogeneidad y apariencia, al fabricarse sobre diferentes superficies facilitan la integración arquitectónica, y se comportan bien frente a sombras parciales e incrementos de temperatura.

Entre sus desventajas están, un peor rendimiento (10-15%), necesitan mayor superficie y estructura para una misma potencia, y presentan una vida útil inferior al resto.

Monocristalino   *Policristalino*   *Capa delgada*

1.2. Placa de características

Los valores que aparecen en las placas de características o, en su defecto, en las hojas de características de los paneles, están referidos a unas condiciones estándar de funcionamiento (STC), siendo estas:

- Irradiancia solar de 1000 W/m²
- Temperatura de la célula de 25 °C
- Masa de aire AM de 1,5

La masa de aire AM indica la cantidad de atmósfera que tiene que atravesar la luz solar para llegar a la Tierra, siendo su valor de 1 cuando llega de forma perpendicular, y viene dada por la fórmula siguiente: $AM = \frac{1}{\cos \theta}$

Siendo θ, el ángulo formado por el rayo de luz solar con la perpendicular.

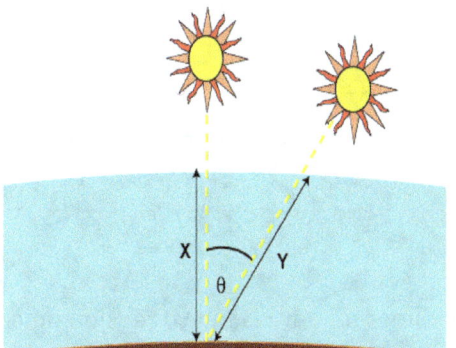

Veamos un ejemplo con la tabla de la siguiente figura:

P_{max}, V_{oc}, I_{sc}, V_{mp} and I_{mp} at STC (1000W/m², 25°C, AM 1.5):							
Maximum Power (P_{max})	225W	230W	235W	240W	245W	250W	255W	260W
Open Circuit Voltage (V_{oc})	36.8V	36.9V	37.0V	37.1V	37.2V	37.3V	37.4V	37.5V
Short Circuit Current (I_{sc})	8.16A	8.31A	8.42A	8.52A	8.62A	8.72A	8.82A	8.91A
Maximum Power Voltage (V_{mp})	30.1V	30.2V	30.3V	30.3V	30.4V	30.5V	30.6V	30.7V
Maximum Power Current (I_{mp})	7.48A	7.62A	7.76A	7.92A	8.06A	8.20A	8.34A	8.48A
Module Efficiency (%)	13.8	14.1	14.4	14.7	15.0	15.3	15.6	15.9

Se pueden observar los parámetros eléctricos de diferentes paneles de una misma serie para las condiciones estándar, incluyendo en la misma el valor fe la eficiencia del panel, que es el porcentaje de energía recibida de la radiación solar que se convierte en energía eléctrica.

✓ Coeficientes de temperatura

Son coeficientes que figuran en las características del panel o módulo, y nos indican cómo varían los valores de potencia máxima, intensidad de cortocircuito, y tensión de circuito abierto, cuando varía la temperatura respecto a las condiciones estándar de 25 °C.

Temperature Coefficients of P_{max}	-0.43 %/°C
Temperature Coefficients of V_{oc}	-0.33 %/°C
Temperature Coefficients of I_{sc}	+0.056 %/°C

Ejercicio resuelto:

Para un panel de 240 W de la serie de la tabla anterior queremos saber los valores de la potencia máxima, intensidad de cortocircuito, y tensión de circuito abierto cuando la temperatura del panel sea de 40 °C.

Calculamos primero el nuevo valor de la potencia máxima:

$$P_{M\ 40°C} = P_{M\ 25°C} - \frac{0{,}43}{100} \cdot P_{M\ 25°C} \cdot (40 - 25) = 240 - \frac{0{,}43}{100} \cdot 240 \cdot 15 = 240 - 1{,}032 \cdot 15 = \mathbf{224{,}52\ W}$$

Para la nueva intensidad de cortocircuito, tenemos:

$$I_{SC\ 40°C} = I_{SC\ 25°C} + \frac{0{,}056}{100} \cdot I_{SC\ 25°C} \cdot (40 - 25) = 8{,}52 + \frac{0{,}056}{100} \cdot 8{,}52 \cdot 15 = 8{,}52 + 0{,}0711568 = \mathbf{8{,}8915\ A}$$

Finalmente, para la nueva tensión de circuito abierto, su valor será:

$$U_{OC\ 40°C} = U_{OC\ 25°C} - \frac{0{,}33}{100} \cdot U_{OC\ 25°C} \cdot (40 - 25) = 37{,}1 - \frac{0{,}33}{100} \cdot 37{,}1 \cdot 15 = 37{,}1 - 1{,}83645 = \mathbf{35{,}26\ V}$$

Hay también otros datos en las hojas de características como son los límites de funcionamiento del panel, la máxima tensión de funcionamiento, el margen de temperaturas de funcionamiento o la temperatura nominal de funcionamiento de las células, denominada TONC, y que se determina sometiendo a la célula a una irradiancia de 800 W/m², con una temperatura ambiente de 20 °C, una velocidad de viento de 1 m/s, y una masa de aire AM 1,5.

Maximum System Voltage	1000V DC
Module Operating Temperature	-40°C to +85°C
NOCT	45°C±2°C

También podemos encontrarnos dentro de las características de los paneles curvas intensidad-tensión para diferentes temperaturas ambiente y radiaciones recibidas.

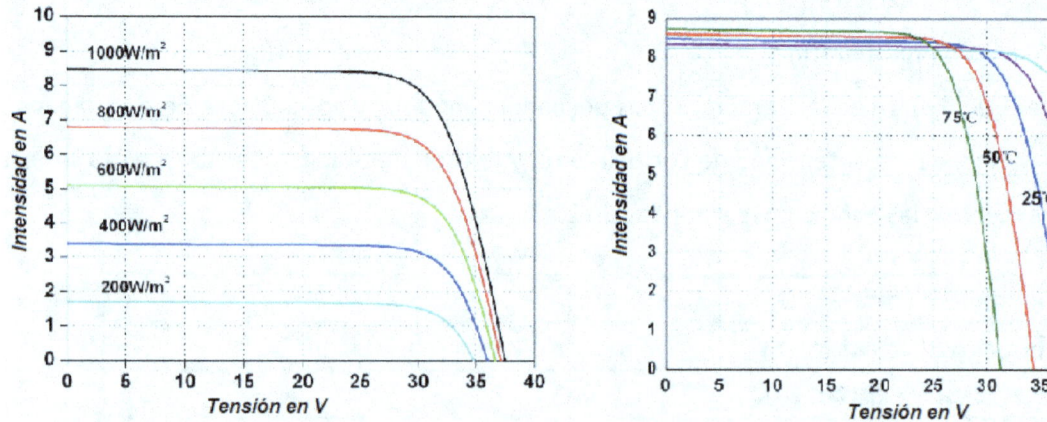

1.3. Sistemas de agrupamiento y conexión de paneles

Los paneles fotovoltaicos se pueden conectar en serie, en paralelo, o de forma mixta combinando serie con paralelo.

Cada panel tiene sus características nominales de tensión e intensidad, pudiendo variar ambos parámetros mediante agrupación de varios paneles.

Algo importante para evitar problemas de funcionamiento es que para agrupar paneles todos deben tener las mismas características.

- Conexión serie

Mediante la conexión en serie se consigue aumentar la tensión de salida de la agrupación, mientras que la intensidad que suministra esta es la misma que la de un solo panel.

$$U_s = U_{p1} + U_{p2} + U_{p3} + U_{p4} + \cdots U_{pn} = \sum U_p$$

$$I_s = I_p$$

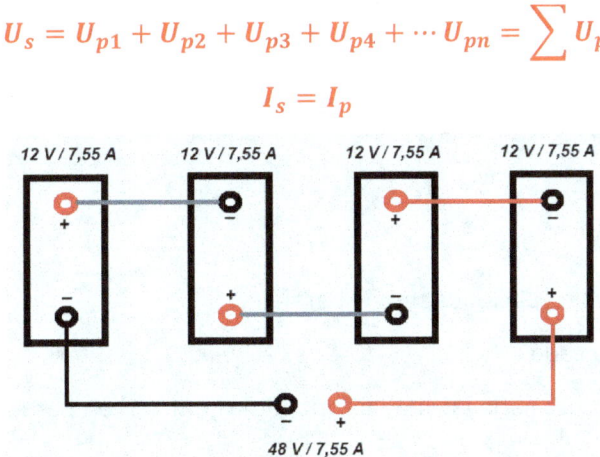

Ejercicio resuelto:

Disponemos de paneles cuyos valores nominales son de 12 V y / 7,55 A y conectamos cuatro de ellos en serie. Queremos saber cuáles son la tensión e intensidad de salida del conjunto.

Aplicando las fórmulas, tenemos:

$$U_s = U_{p1} + U_{p2} + U_{p3} + U_{p4} = 12 + 12 + 12 + 12 = \mathbf{48\ V}$$

$$I_s = I_p = \mathbf{7,55\ A}$$

- Conexión paralelo

Con este tipo de conexión conseguimos aumentar la intensidad a la salida del agrupamiento, mientras que la tensión coincide con la de un solo panel.

$$U_s = U_p$$

$$I_s = I_{p1} + I_{p2} + I_{p3} + I_{p4} + \cdots I_{pn} = \sum I_p$$

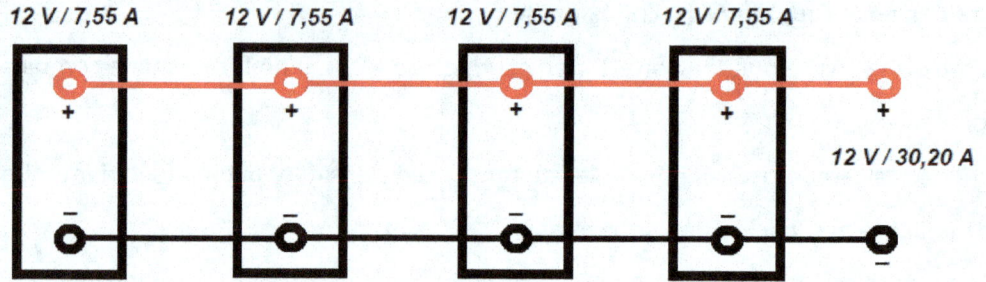

Ejercicio resuelto:

Disponemos de paneles cuyos valores nominales son de 12 V y / 7,55 A, y conectamos cuatro de ellos en paralelo. Queremos saber cuáles son la tensión e intensidad de salida del conjunto.

Aplicando las fórmulas, tenemos:

$U_s = U_p = 12\ V$

$I_s = I_{p1} + I_{p2} + I_{p3} + I_{p4} = 7{,}55 + 7{,}55 + 7{,}55 + 7{,}55 = \mathbf{30{,}20\ A}$

- Conexión mixta

En esta opción se combinan agrupaciones serie y paralelo.

Se denomina rama o string a cada conjunto de paneles conectados en serie.

Se realizan varias combinaciones serie (string) agrupándolas entre sí en paralelo.

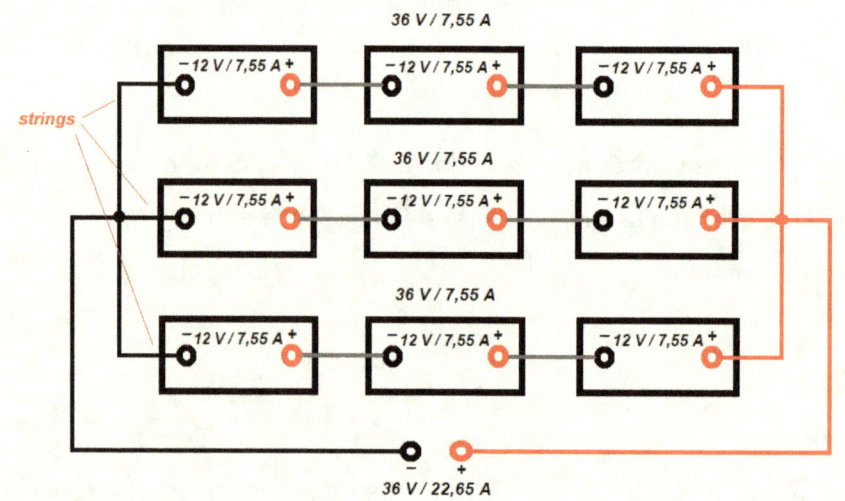

Ejercicio resuelto:

Disponemos de paneles cuyos valores nominales son de 12 V y / 7,55 A y los conectamos en tres string, cada uno de ellos con tres paneles en serie, estando los string entre sí en paralelo. Queremos saber cuáles son la tensión e intensidad de salida del conjunto.

Para cada string o rama, tendremos:

$U_r = U_{p1} + U_{p2} + U_{p3} = 12 + 12 + 12 = 36\ V$

$I_r = I_p = 7{,}55\ A$

Para el conjunto total de los tres string en paralelo, los valores a la salida serán:

$\mathbf{U_s = U_r = 36\ V}$

$\mathbf{I_s} = I_{r1} + I_{r2} + I_{r3} = 7{,}55 + 7{,}55 + 7{,}55 = \mathbf{22{,}65\ A}$

1.4. Tipos de acumuladores

Los acumuladores o baterías empleados en las instalaciones fotovoltaicas difieren de otros tipos de aplicaciones como los empleados en los automóviles, ya que en estos últimos las descargas de la batería no son profundas ni permanecen largos períodos con carga baja, sin embargo, en las de instalaciones fotovoltaicas sí ocurre esto.

En las instalaciones fotovoltaicas las baterías tienen como misión acumular la energía eléctrica generada por los paneles para hacer uso de ella cuando estos no estén produciendo, especialmente durante la noche.

✓ Capacidad de la batería

El parámetro fundamental que caracteriza una batería es su capacidad, que se define como la cantidad de carga que es capaz de almacenar para luego suministrarla a la instalación, siendo su medida en amperios-hora (A·h) en unas determinadas condiciones.

$$C = I \cdot t$$

Esta capacidad varía dependiendo del tiempo de descarga de la batería, disminuyendo cuanto más rápido sea este. También influyen en la capacidad, la antigüedad de la batería, la temperatura, y sus ciclos de carga y descarga.

Otra forma de expresar la capacidad es en forme de energía acumulada, es decir, en vatios-hora (W·h). Para ello, basta con multiplicar la capacidad en A·h por el voltaje nominal de la batería.

Ejercicio resuelto:

Queremos saber la energía acumulada por una batería cuya capacidad es de 50 A·h, siendo su tensión nominal de 24 V.

La energía acumulada, vendrá dada por:

$\mathbf{E} = C \cdot U = 50\ A \cdot h \cdot 24\ V = \mathbf{1200\ W \cdot h}$

- Tipos de baterías

    ✓ Baterías estacionarias OPzS

Tienen una gran durabilidad y una gran gama de capacidades, lo que las hace muy favorables para instalaciones fotovoltaicas, teniendo además una gran relación capacidad-precio frente a otros tipos de baterías, siendo ideales para instalaciones industriales.

Son vasos de 2 V que admiten grandes capacidades y que pueden conectarse entre sí en serie para conseguir bancadas de 12, 24 y 48 V que son las estandarizadas.

Tienen el inconveniente de que al tener ácido requieren un mantenimiento mensual para vigilar su nivel, y no se pueden volcar pues quedarían dañadas.

Deben situarse en interiores, no expuestas a la luz solar directa, y a una temperatura que no supere los 25 °C, pues disminuiría bastante su vida útil.

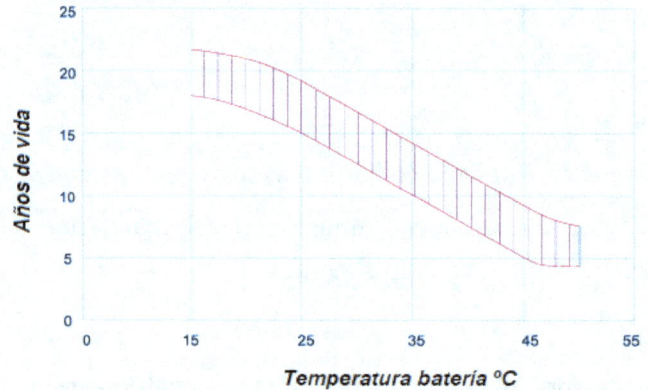

Su capacidad también disminuye conforme aumenta el número de ciclos de carga y descarga, tal y como se aprecia en la figura.

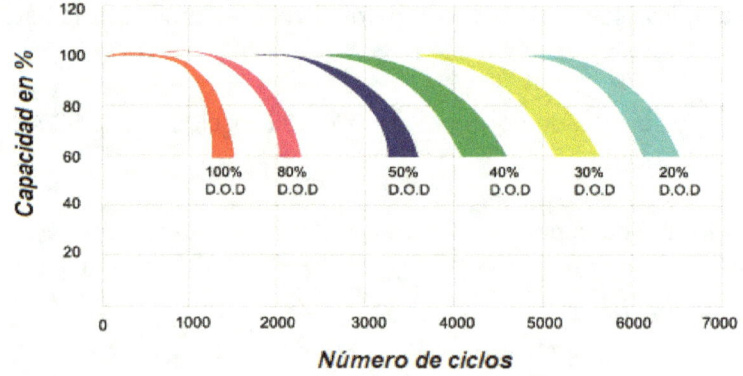

Ejercicio resuelto:

Tenemos una batería estacionaria OPzS de 2 V y 1110 A·h y queremos obtener un conjunto que nos proporcione una capacidad de 2220 A·h y 12 V de tensión. Indicar el número de baterías necesarias y su configuración.

Para conseguir una tensión de 12 V, necesitamos colocar en serie 6 baterías.

Esa rama tendrá una capacidad de 1110 A·h.

Para aumentar la capacidad tenemos que colocar ramas en paralelo, siendo en este caso dos, que nos proporcionarán 2220 A·h.

Por tanto, necesitamos **12 baterías** colocadas en **dos ramas en paralelo de seis** baterías cada una.

- ✓ Baterías AGM

Son muy apropiadas para casas de fin de semana y autocaravanas donde se vaya a hacer uso de un frigorífico o algún motor para una bomba.

No necesitan mantenimiento ni desprenden gases tóxicos al estar el electrolito sellado por fibra de vidrio, siendo de gran calidad, rendimiento, y buen precio.

En caso de rotura no se desprende líquido, disponiendo de unos tapones reguladores de la presión que generen los gases internos.

Se pueden tumbar sin que se produzcan problemas en su interior.

Vienen fabricadas en bloques, normalmente de 12 V, siendo sus capacidades inferiores a las estacionarias OPzS.

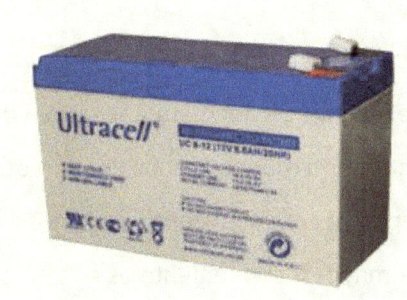

En la gráfica podemos observar cómo le afecta la temperatura a la capacidad cuando se mantiene almacenada la batería.

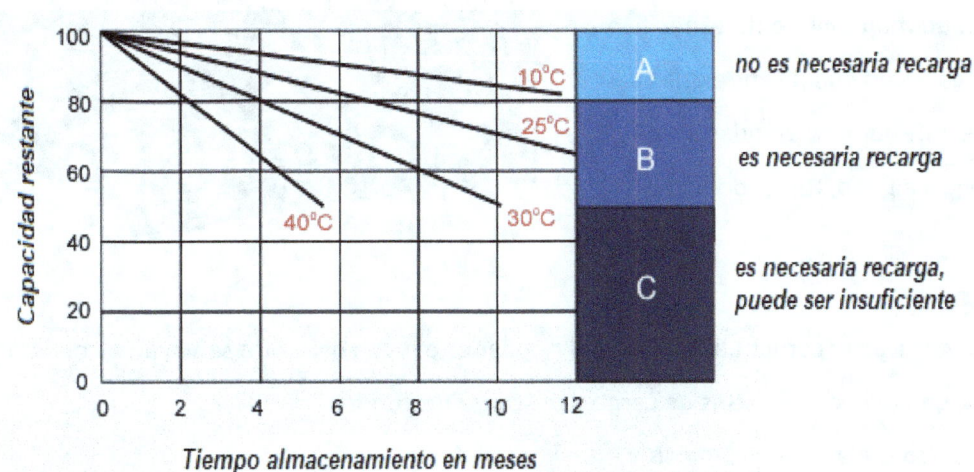

- ✓ Baterías GEL

Se caracterizan porque al electrolito se le agrega un compuesto de silicona, con lo cual, si se rompe, el líquido no se va a derramar, al generarse una masa sólida gelatinosa. Hay menor evaporación de líquido aumentando así la vida útil, y tienen un mayor número de ciclos de carga y descarga.

Soportan bien las vibraciones, los golpes y las altas temperaturas, siendo más estable su tensión durante la descarga, lo que las hace ideales para utilizarlas con inversores.

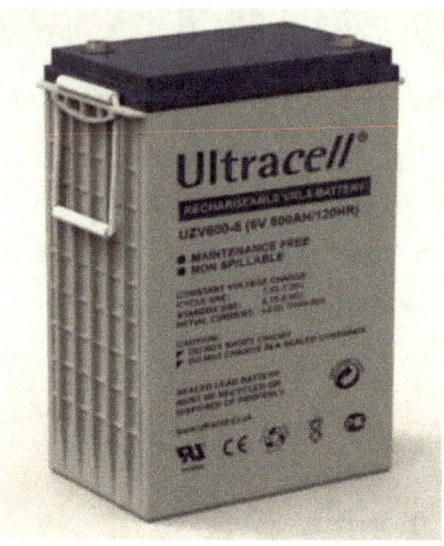

Son apropiadas para instalaciones pequeñas y medianas que requieran una batería que tenga una duración a largo plazo (instalaciones aisladas), siendo su eficiencia la mayor de todas.
Tienen una buena relación calidad-precio y no necesitan ningún tipo de mantenimiento.
Se presentan con tensiones de 12, 24 y 48 V.

- ✓ Baterías Litio

Se distinguen del resto por su mayor eficiencia energética, es decir, ofrecen la misma autonomía ocupando mucho menos espacio que las demás baterías. Además, tienen una capacidad de carga más rápida y permiten conectar más de un dispositivo.

Se mayor inconveniente es su alto precio, pero son la idóneas para el uso en instalaciones fotovoltaicas.
No necesitan un mantenimiento específico y no emiten gases, lo que permite que se instalen en el interior de viviendas sin que suponga peligro alguno, teniendo una larga vida útil.

Es necesario verificar su compatibilidad con el regulador e inversor al que se vayan a conectar.
Soporta peor que el resto los ciclos de carga y descarga profundos.
Las tensiones habituales son de 24 y 48 V.

1.5. Reguladores

El regulador es uno de los elementos más importantes de la instalación fotovoltaica y va situado entre los paneles y la batería.

Su misión es controlar la tensión e intensidad con la que se cargan las baterías.

También protege a la batería de sobrecargas y de descargas muy profundas, permitiendo saber en todo momento el estado de carga de la batería y manteniendo su control.

Son esenciales para instalaciones fotovoltaicas aisladas donde es esencial la regulación de la energía suministrada por el sistema.

Cuando la batería adquiere el 100% de su carga, el regulador corta el flujo de energía de los paneles a la batería, y cuando el consumo aumenta y la batería llega al límite de descarga, corta el suministro de la batería a los receptores.

Tiene una entrada para la energía que llega de los paneles, y dos salidas, una para cargar las baterías y otra para alimentar los receptores, o el inversor si se va a transformar la corriente continua en alterna.

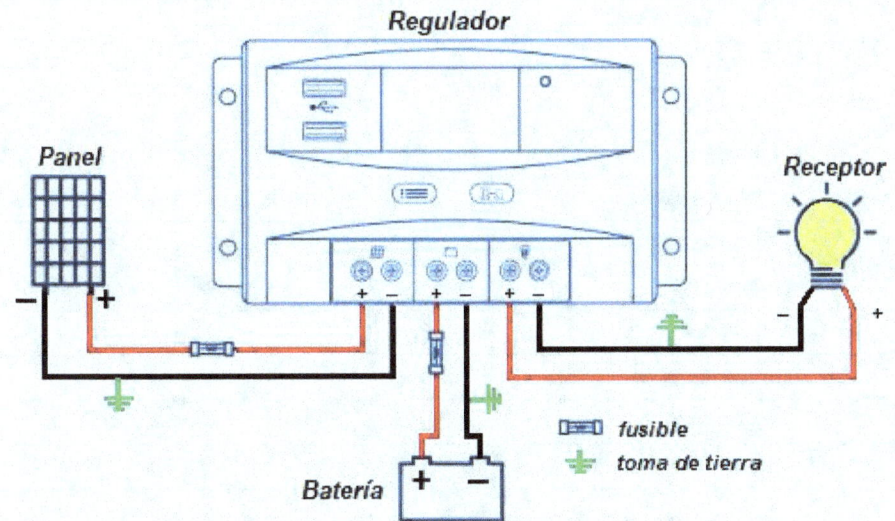

Hay dos tipos de reguladores, el regulador PWM y el regulador MPPT.

- Regulador PWM

Este tipo de regulador actúa solamente cortando el paso de energía de los paneles a la batería cuando esta está cargada al 100%, y para que funcione correctamente debe coincidir la tensión de los paneles con la del regulador.

Los hay de 12, 24 y 48 V, aunque algunos pueden funcionar con dos tensiones como se aprecia en las características de la tabla inferior.

Reguladores PWM

Modelo		PC1500B-10-20		PC1500B-30-40		PC1500B-50-60		PC1500B-6048D	
Entrada	Voltaje FV	≤50V						≤100V	
	Intensidad nominal	10A	20A	30A	40A	50A	60A	50A	60A
Salida	Voltaje sistema	12/24V Auto						48V	
	Desconexión por alto voltaje	16.00V x 1/ x 2/ x 3/ x 4 (0.5V)							
	Intensidad descarga nominal	10A	20A	30A	40A	50A	60A	50A	60A
	Autoconsumo	≤13mA						≤25mA	
	Caída de tensión circuito carga	≤0.24V						≤0.25V	
	Caída de tensión circuito descarga	≤0.10V						≤0.10V	
	Modo de carga	PWM 4-etapas carga, absorción, flotación, ecualización							
	Voltaje Carga Flotación	13.8V (13V~15V) x 1/ x 2/ x 3/ x 4							
	Voltaje Carga Absorción	14.4V (13V~15V) x 1/ x 2/ x 3/ x 4							
	Voltaje Carga Ecualización	2 horas duración	14.6V (13V~15.5V) x 1/ x 2/ x 3/ x 4						
	Protección Bajo Voltaje	10.7V (10V~14V) x 1/ x 2/ x 3/ x 4							
	Reconexión Bajo Voltaje	12.6V (10V~14V) x 1/ x 2/ x 3/ x 4							
	Salida USB	5V, 1A x2						No tiene	

Características regulador PWM

- Regulador MPPT

Este regulador permite trabajar en el punto de máxima potencia de los paneles, consiguiendo con ello reducir las pérdidas de potencia en más de un 10%.

Permite adaptar la tensión de los paneles a la de las baterías, logrando así un rendimiento óptimo, y se adaptan a diferentes condiciones de radiación solar mejorando la energía recogida hasta en un 30%.

Son idóneos para instalaciones de gran potencia ya que extraen la máxima energía, siendo más caros que los de tipo PWM, pero mucho más eficientes.

Se hacen imprescindibles cuando la tensión óptima de trabajo difiere bastante de la tensión de carga de la batería.

Trabajan para tensiones de 12, 24 y 48 V.

Reguladores MPPT

Controlador de carga BlueSolar	MPPT 75/10	MPPT 75/15	MPPT 100/15
Tensión de la batería	Selección automática: 12/24 V		
Corriente de carga nominal	10 A	15 A	15 A
Potencia FV máxima, 12V 1a,b)	135 W	200 W	200 W
Potencia FV máxima, 24V 1a,b)	270 W	400 W	400 W
Desconexión automática de la carga	Sí, carga máxima 15 A		
Tensión máxima del circuito abierto FV	75 V		100 V
Eficiencia máxima	98 %		
Autoconsumo	10 mA		
Tensión de carga de "absorción"	14,4 V / 28,8 V (ajustable)		
Tensión de carga de "flotación"	13,8 V / 27,6 V (ajustable)		
Algoritmo de carga	variable multietapas		
Compensación de temperatura	-16 mV / °C, -32 mV / °C resp.		
Corriente de carga continua/cresta	15A/50A		
Desconexión de carga por baja tensión	11,1 V / 22,2 V o 11,8 V / 23,6 V o algoritmo de BatteryLife		
Reconexión de carga por baja tensión	13,1 V / 26,2 V o 14 V / 28 V o algoritmo de BatteryLife		
Protección	Polaridad inversa de la batería (fusible) Corto circuito de salida / sobrecalentamiento		
Temperatura de trabajo	-30 a +60°C (potencia nominal completa hasta los 40°C)		
Humedad	95 %, sin condensación		
Puerto de comunicación de datos	VE.Direct Consulte el libro blanco sobre comunicación de datos en nuestro sitio web		

Características regulador MPPT

1.6. Conversores

También denominado inversor, el conversor es un aparato que se utiliza cuando queremos usar la energía producida por los paneles para alimentar una red de distribución o una instalación autónoma, que funciona con corriente alterna, ya sea monofásica (230 V) o trifásica (400 V). Se encarga, por tanto, de convertir la corriente continua en corriente alterna.

Hay, por lo tanto, dos tipos de inversores, los de sistemas fotovoltaicos autónomos, y los de sistemas fotovoltaicos conectados a la red.

- Inversores para sistemas autónomos

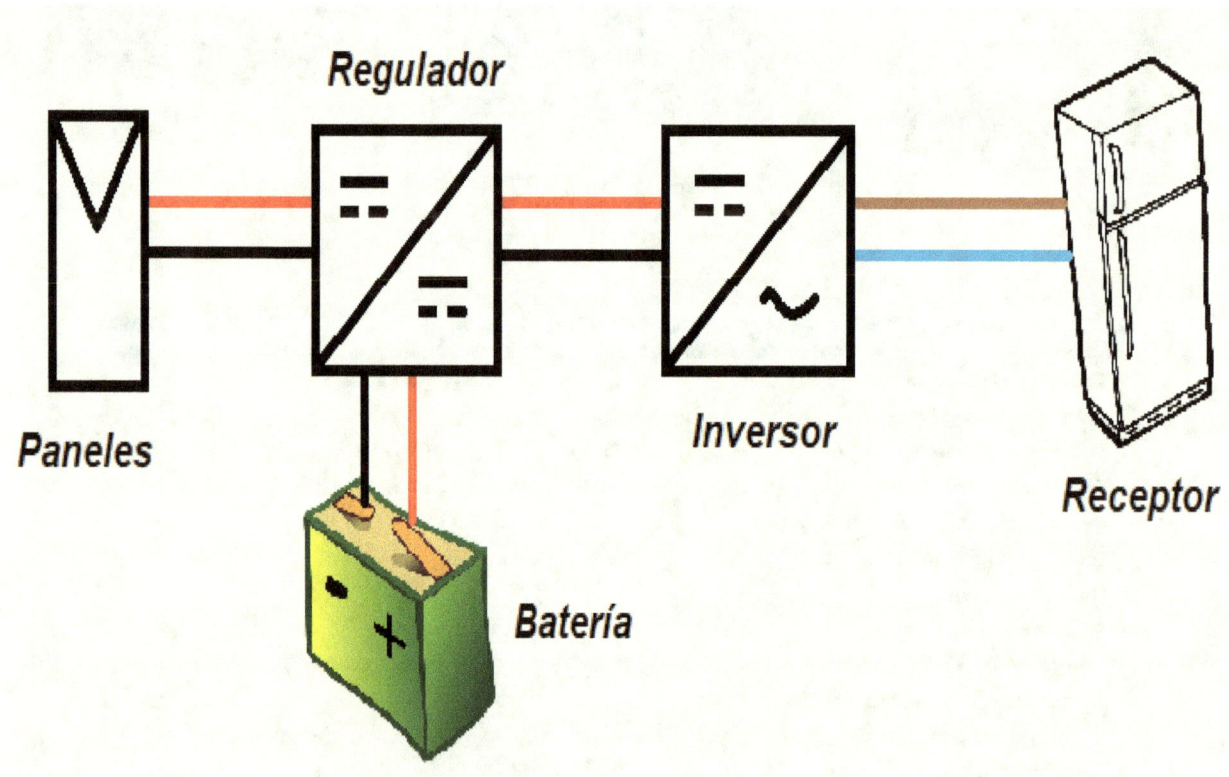

En este caso el inversor va conectado a la salida del regulador, o bien a los bornes de la batería.

Para potencias pequeñas, generalmente no más de 5 Kw, la salida del inversor es monofásica.

Pueden tener integrado el regulador, en cuyo caso, van conectados directamente a los paneles, y tiene que soportar la variación de tensión con la que trabajan estos, siendo en la gran mayoría de los casos el regulador del tipo MPPT para seguir el punto de máxima potencia.

 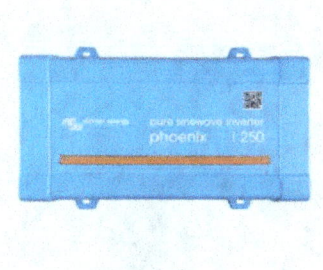 

Inversores

Inversor Phoenix	12 voltios 24 voltios 48 voltios	12/250 24/250 48/250	12/375 24/375 48/375	12/500 24/500 48/500	12/800 24/800 48/800	12/1200 24/1200 48/1200
Potencia cont a 25ºC (1)		250VA	375VA	500VA	800VA	1200VA
Potencia cont. a 25ºC / 40ºC		200 / 175W	300 / 260W	400 / 350W	650 / 560W	1000 / 850W
Pico de potencia		400W	700W	900W	1500W	2200W
Tensión / frecuencia CA de salida (ajustable)		230VCA o 120VCA +/- 3% 50Hz o 60Hz +/- 0,1%				
Rango de tensión de entrada		9,2 - 17 / 18,4 - 34,0 / 36,8 - 62,0V				
Desconexión por CC baja (ajustable)		9,3 / 18,6 / 37,2V				
Dinámica (dependiente de la carga) Desconexión por CC baja (totalmente ajustable)		Desconexión dinámica, ver https://www.victronenergy.com/live/ve.direct: phoenix-inverters-dynamic-cutoff				
Reinicio y alarma por CC baja (ajustable)		10,9 / 21,8 / 43,6V				
Detector de batería cargada (ajustable)		14,0 / 28,0 / 56,0V				
Eficacia máx.		87 / 88 / 88%	89 / 89 / 90%	90 / 90 / 91%	90 / 90 / 91%	91 / 91 / 92%
Consumo en vacío		4,2 / 5,2 / 7,9W	5,6 / 6,1 / 8,5W	6 / 6,5 / 9W	6,5 / 7 / 9,5W	7 / 8 / 10W
Consumo en vacío predeterminado en modo ECO (Intervalo de reintento: 2,5 s, ajustable)		0,8 / 1,3 / 2,5W	0,9 / 1,4 / 2,6W	1 / 1,5 / 3,0W	1 / 1,5 / 3,0W	1 / 1,5 / 3,0
Ajuste de potencia de parada y arranque en modo ECO		Ajustable				
Protección (2)		a - f				
Rango de temperatura de trabajo		-40 to +65ºC (refrigerado por ventilador) (reducción de potencia del 1,25% por cada ºC por encima de 25ºC)				
Humedad (sin condensación)		máx. 95%				

Características inversor

Se observa que entre sus datos característicos está la potencia a la que puede trabajar, así como los picos máximos de potencia que puede soportar, la tensión y frecuencias a la salida del inversor, los diferentes rangos de tensión de entrada para 12, 24 y 48 V, y otros como su eficiencia y consumos cuando no tienen cargas conectadas.

✓ Inversor híbrido

Es un inversor que permite conectarse a la red eléctrica o a las baterías de manera que, si hay energía sobrante, esta se puede inyectar a la red eléctrica obteniendo beneficios por ello. Son ideales para instalaciones autónomas como las viviendas, permitiendo un ahorro en la energía facturada por la compañía. Puede recibir la energía de varias fuentes a la vez, como paneles, aerogeneradores, grupos electrógenos…

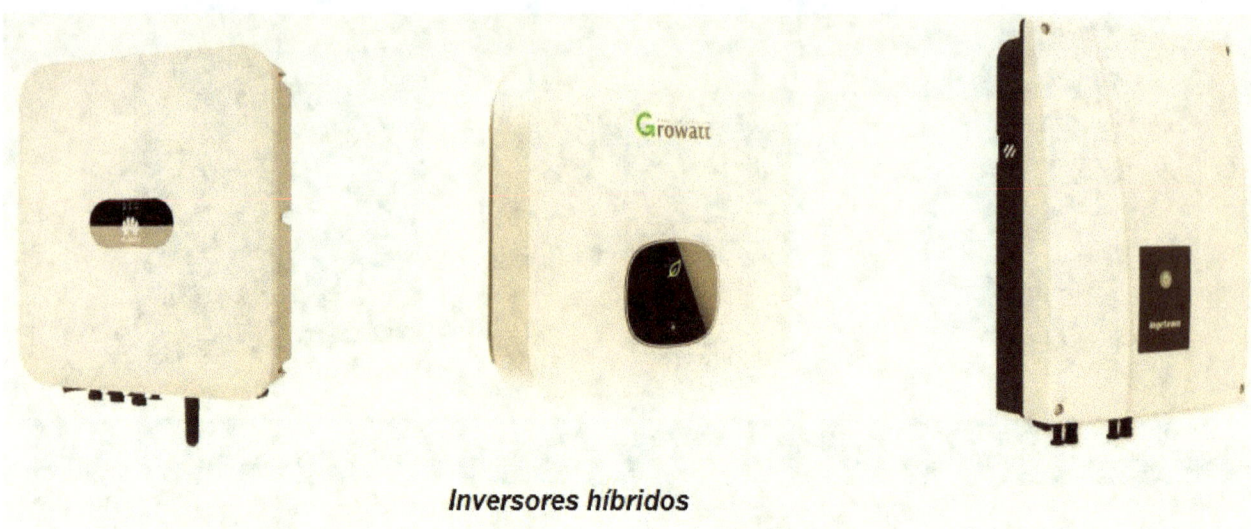

Inversores híbridos

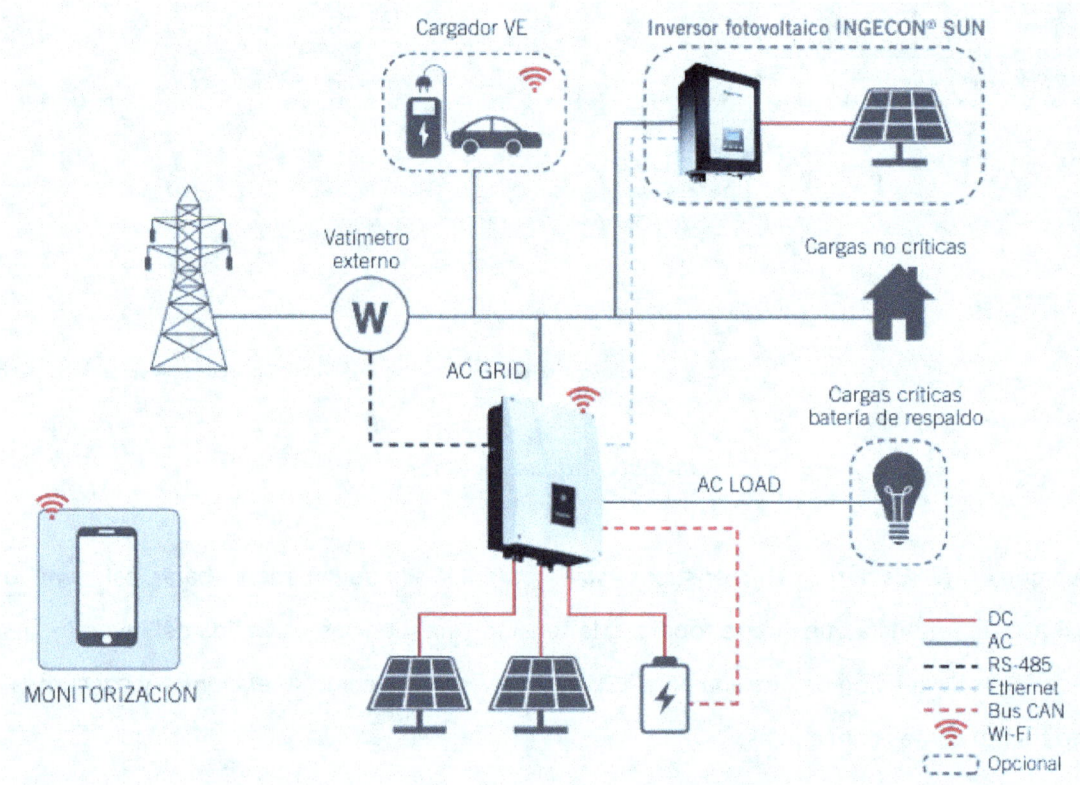

Esquema instalación inversor híbrido

Cuando se trata de instalaciones de consumos elevados y, por tanto, potencias grandes de generadores fotovoltaicos, como ocurre en grandes comercios, industrias y en general grandes consumidores, se utilizan los inversores trifásicos que pueden trabajar con tensiones más elevadas.

Datos técnicos	GW5K-ET	GW6.5K-ET	GW8K-ET	GW10K-ET
Entrada Batería				
Tipo de batería		Ion de litio		
Voltaje nominal de la batería (V)		500		
Rango de voltaje de la batería (V)		180 ~ 600		
Tensión de arranque (V)		180		
No. de entradas de batería		1		
Máx. corriente continua de carga (A)		25		
Máx. corriente continua de descarga (A)		25		
Máx. potencia de carga (W)	7500	8450	9600	10000
Máx. potencia de descarga (W)	7500	8450	9600	10000
Entrada FV				
Máx. potencia de entrada (W)	7500	9700	12000	15000
Máx. tensión de entrada (V)¹		1000		
Rango de tensión MPPT de funcionamiento (V)²		200 ~ 850		
Tensión de arranque (V)		180		
Tensión nominal de entrada (V)		620		
Máx. corriente de entrada por MPPT (A)		12.5		
Máx. corriente de cortocircuito por MPPT (A)		15.2		
Número de seguidores (MPPT)		2		
Número de series FV por MPPT		1		
Salida CA (Red)				
Potencia nominal de salida (W)	5000	6500	8000	10000
Potencia nominal aparente a red (VA)	5000	6500	8000	10000
Máx. potencia aparente a red (VA)³	5500	7150	8800	11000
Máx. potencia aparente desde la red (VA)	10000	13000	15000	15000
Tensión nominal de salida (V)		400 / 380, 3L / N/PE		
Rango de tensión de salida (V)		0 ~ 300		
Frecuencia nominal de red (Hz)		50 / 60		
Rango de frecuencia de red (Hz)		45 ~ 65		
Máx. corriente de salida a red (A)	8.5	10.8	13.5	16.5
Máx. corriente desde la red (A)	15.2	19.7	22.7	22.7
Factor de potencia		~1 (Ajustable, desde 0.8 capacitivo a 0.8 inductivo)		
Máx. distorsión armónica total		<3%		

Características inversor híbrido trifásico

- Inversores para sistemas conectados a red

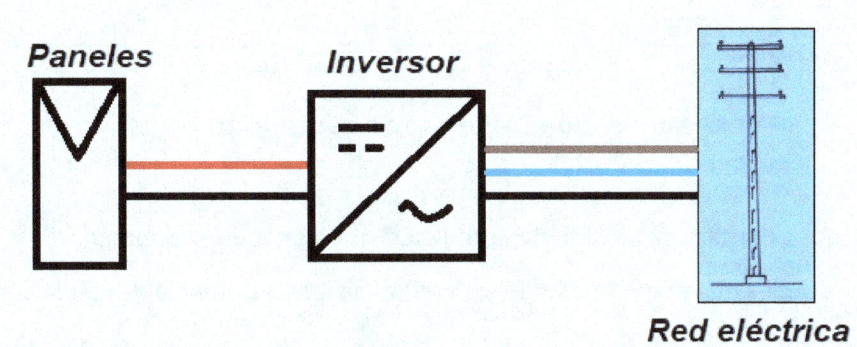

Estos inversores van conectados directamente a los paneles fotovoltaicos y, por tanto, deben soportar el rango de variación de tensiones que generan los mismos.

Pueden ser monofásicos cuando tiene como misión alimentar edificios residenciales con potencias de 3 a 10 kW, o trifásicos para potencias superiores a los 10 kW como es el caso de grandes comercios e industrias, y siempre llevan seguidor del punto de máxima potencia, es decir, son del tipo MPPT.

Inversores de red

	SE2200H	SE3000H	SE3500H	SE3680H	SE4000H	SE5000H	SE6000H	
APLICABLE A INVERSORES CON NÚMERO DE COMPONENTE				SEXXXXH-XXXXXBXX4				
SALIDA								
Potencia nominal de salida CA	2200	3000	3500	3680	4000	5000⁽¹⁾	6000	VA
Máxima potencia de salida CA	2200	3000	3500	3680	4000	5000⁽¹⁾	6000	VA
Tensión de salida CA (nominal)				220/230				Vac
Rango de tensión de salida CA				184 - 264,5				Vac
Frecuencia CA (nominal)				50/60 ± 5				Hz
Corriente máxima de salida continua	10	14	16	16	18,5	23	27,5	A
Distorsión Armónica Total (THD)				<3				%
Factor de potencia				1, ajustable de -0,9 a 0,9				
Monitorización de red, protección contra funcionamiento en isla, umbrales configurables por país				Sí				
ENTRADA								
Máxima potencia de CC	3400	4650	5425	5700	6200	7750⁽²⁾	9300	W
Sin transformador, sin puesta a tierra				Sí				
Tensión máxima de entrada				480				Vdc
Tensión de entrada CC nominal				380				Vdc
Corriente máxima de entrada	6,5	9	10	10,5	11,5	13,5	16,5	Adc
Protección contra polaridad inversa				Sí				
Detección de aislamiento por fallo de puesta a tierra				Sensibilidad de 600 kΩ				
Rendimiento máximo del inversor				99,2				%
Rendimiento europeo ponderado	98,3		98,8			99		%
Consumo de energía durante la noche				< 2,5				W

Cracterística inversor conectado a red

Su salida se tiene que adaptar a la tensión de la red eléctrica a la que se conectan.

En los conectados a redes que alimentan edificios residenciales, la potencia de salida varía dependiendo de las cargas conectadas, mientras que los que se utilizan para conectar a la red eléctrica siempre van a proporcionar a la salida la máxima potencia que les llegue de los paneles.

✓ Inversor inyección cero

Este tipo de inversor se caracteriza porque está diseñado para no verter energía sobrante a la red eléctrica y, para ello, está midiendo constantemente la energía consumida por los receptores para asegurarse de no inyectar nada a la red eléctrica.

Permite garantizar una mayor eficiencia energética, y cumplir con la normativa reguladora de las instalaciones fotovoltaicas que incluye esta variante de inyección cero.

✓ Microinversor

Son pequeños inversores que se conectan a un solo panel, garantizando que cuando se produce sombra en alguno de los paneles, no afecte a la producción del resto como ocurre con un inversor normal que va conectado a un agrupamiento de paneles.

Tiene también la ventaja de su durabilidad, prácticamente igual a la de la vida de los paneles, alrededor de los 20 años.

Microinversores

1.7. Actividades

- **Cuestiones**

1. Indica las dos partes fundamentales de una célula fotovoltaica, explicando de que están constituidas.

2. En qué consiste el efecto fotovoltaico.

3. Explica lo que es el factor de forma de una celda fotovoltaica.

4. Indica los diferentes tipos de paneles fotovoltaicos, dependiendo de la configuración del silicio que se utilice en su fabricación.

5. Indica los diferentes tipos de paneles fotovoltaicos que hay del tipo de capa delgada.

6. Cuáles son las condiciones estándar de funcionamiento (STC) de un panel solar.

7. Qué se entiende por masa de aire AM.

8. En qué consisten los coeficientes de temperatura.

9. Qué es la temperatura TONC de una celda.

10. Define lo que es la capacidad de un acumulador, indicando las unidades en que se mide.

11. Indica cuatro tipos de batería diferentes.

12. Señala cuál es la función de un regulador y dónde va conectado.

13. Indica los dos tipos principales de regulador, señalando sus características.

14. Cuál es la función que tiene un inversor.

15. Qué caracteriza a un inversor híbrido

16. Qué es un inversor de inyección cero.

17. En qué consiste un microinversor.

- **Ejercicios**

1. Realiza un esquema de la configuración atómica de un semiconductor P y un semiconductor N de silicio.

2. Dibuja la curva intensidad-tensión I-U de una celda fotovoltaica, señalando en ella, el punto de máxima potencia y los valores de I_{cc}, I_{mp}, U_{oc} y U_{mp}.

3. Dibuja la curva intensidad-tensión I-U en la que se aprecien las áreas que determinan los dos productos que definen el factor de forma de una celda.

4. Dibuja la curva intensidad-tensión I-U en la que se aprecien las áreas que determinan los dos productos que definen el factor de forma de una celda.

5. Queremos saber la potencia máxima que proporciona una celda fotovoltaica, sabiendo que su factor de forma es de 0,75, su tensión de circuito abierto 0,63 V y su intensidad de cortocircuito de 2,87 A.

6. Calcula el factor de forma de los paneles de la tabla correspondientes a las potencias de 240 y 255 W.

P_{max}, V_{oc}, I_{sc}, V_{mp} and I_{mp} at STC (1000W/m², 25°C, AM 1.5):								
Maximum Power (P_{max})	225W	230W	235W	240W	245W	250W	255W	260W
Open Circuit Voltage (V_{oc})	36.8V	36.9V	37.0V	37.1V	37.2V	37.3V	37.4V	37.5V
Short Circuit Current (I_{sc})	8.16A	8.31A	8.42A	8.52A	8.62A	8.72A	8.82A	8.91A
Maximum Power Voltage (V_{mp})	30.1V	30.2V	30.3V	30.3V	30.4V	30.5V	30.6V	30.7V
Maximum Power Current (I_{mp})	7.48A	7.62A	7.76A	7.92A	8.06A	8.20A	8.34A	8.48A
Module Efficiency (%)	13.8	14.1	14.4	14.7	15.0	15.3	15.6	15.9

7. Indica debajo de cada uno, qué tipos de panel son los de la figura:

8. Queremos saber el valor de la masa de aire AM, en unas condiciones en que la luz solar llega a la Tierra con un ángulo de inclinación de 60°.

9. Tenemos un panel fotovoltaico de 230 W, cuyos coeficientes de temperatura son, para la potencia de -0,42 %/°C, para la tensión de -0,29 %/°C y para la intensidad de +0,055 %/°C, y queremos saber los nuevos valores de intensidad de cortocircuito, potencia máxima y tensión de circuito abierto, sabiendo que en condiciones estándar son respectivamente Isc = 8,3 A, Uoc = 36,8 V y Pm = 230 W, siendo la temperatura del panel de 35 °C.

10. Queremos diseñar un sistema fotovoltaico con una tensión nominal de 600 V y una intensidad de salida de 5 A, mediante la conexión en serie de cinco paneles. Determinar las características de tensión e intensidad de cada panel.

11. Queremos diseñar un sistema fotovoltaico con una tensión nominal de 48 V y una intensidad de salida de 30 A, mediante la conexión en paralelo de cuatro paneles. Determinar las características de tensión e intensidad de cada panel.

12. En la figura se puede ver un generador fotovoltaico formado por 9 paneles conectados entre sí, siendo las características de cada panel de 30,5 V de tensión y 8,2 A de intensidad. Se quiere saber la tensión e intensidad de salida del conjunto.

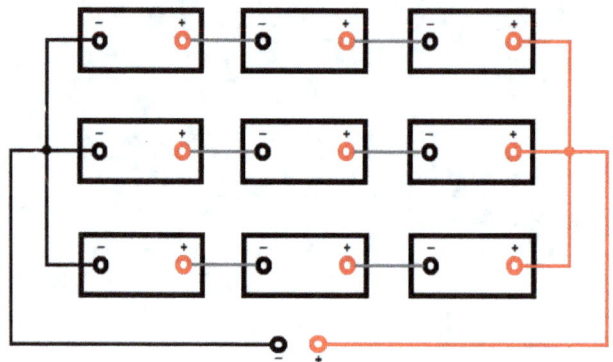

13. Al ser la unidad de la capacidad el amperio-hora y tratarse de una carga, calcula cuál es su equivalencia en culombios.

14. Qué capacidad debe tener una batería de 24 V si queremos que sirva para proporcionarnos una energía eléctrica de 5 kW·h.

15. En la gráfica se aprecia cómo afecta la temperatura a la capacidad de una batería al cabo del tiempo. Se quiere saber, cuánto tiempo tardará en descargarse la batería de la gráfica suministrando 5 A, si su capacidad inicial es de 200 A·h y ha permanecido almacenada durante 4 meses a una temperatura de 30 °C.

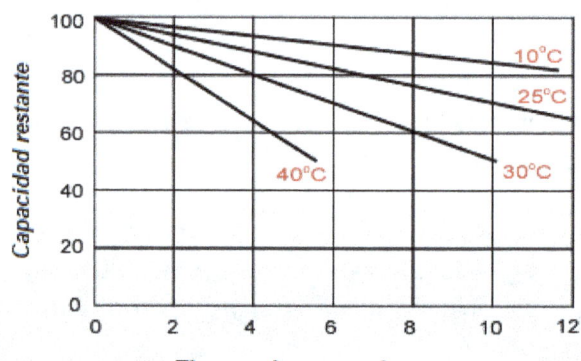

16. Disponemos de un modelo de batería de Gel, de 12 V y 200 A·h, y queremos conseguir un conjunto que nos proporcione una capacidad de 400 A·h a 48 V. Indicar el número de baterías necesarias y la forma en que deben conectarse.

UNIDAD 2
CONFIGURACIÓN DE LAS INSTALACIONES DE ENERGÍA SOLAR FOTOVOLTAICA

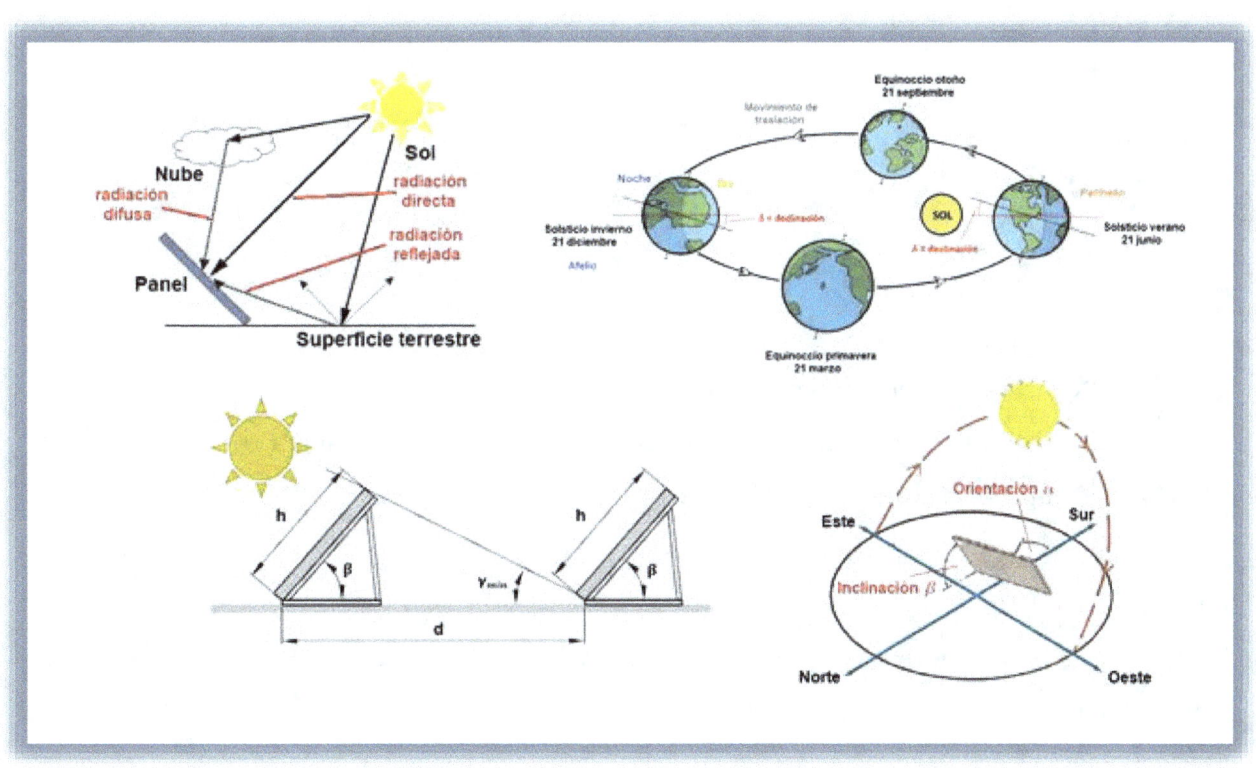

2. CONFIGURACIÓN DE LAS INSTALACIONES DE ENERGÍA SOLAR FOTOVOLTAICA

2.1. Niveles de radiación. Unidades de medida

- Radiación solar

El nivel de radiación solar sobre un cuerpo depende de la distancia a la que se encuentre del sol, siendo el valor medio sobre la Tierra de 1336,1 W/m² (irradiancia o intensidad de radiación media G). Podemos ver en la figura la irradiancia sobre un punto situado a una distancia *d* del sol:

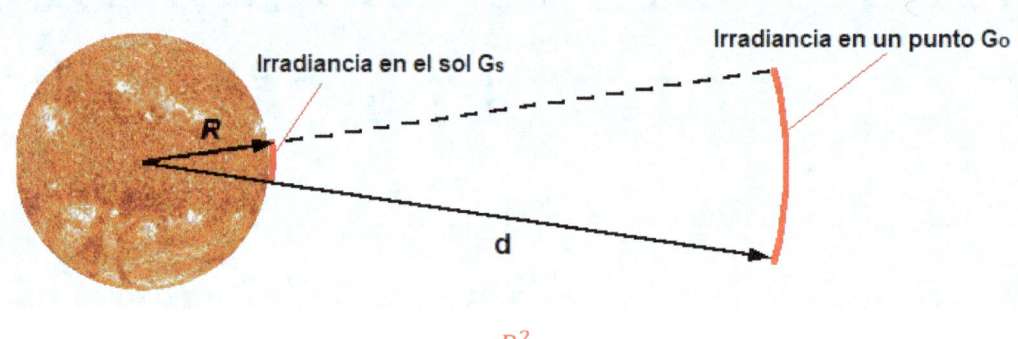

$$G_o = \frac{R^2}{d^2} \cdot G_s$$

Gs es la irradiancia en la superficie del sol en W/m²

R el radio del sol en m

d la distancia a la que se encuentra el punto

G_o es la irradiancia en una superficie alejada una distancia d del sol en W/m²

✓ Efecto de la atmósfera en la radiación (tipos de radiación)

La radiación solar que llega a la Tierra se ve afectada por la atmósfera de manera que, de toda la radiación que entra en la atmósfera, solamente el 70% llega a la superficie de la Tierra debido a los efectos de absorción, dispersión y reflexión que sufren en la atmósfera los rayos del sol.

Todo ello lleva a que a la Tierra lleguen tres tipos de radiación, siendo su suma la radiación global:

- Directa
- Difusa
- Reflejada o de albedo

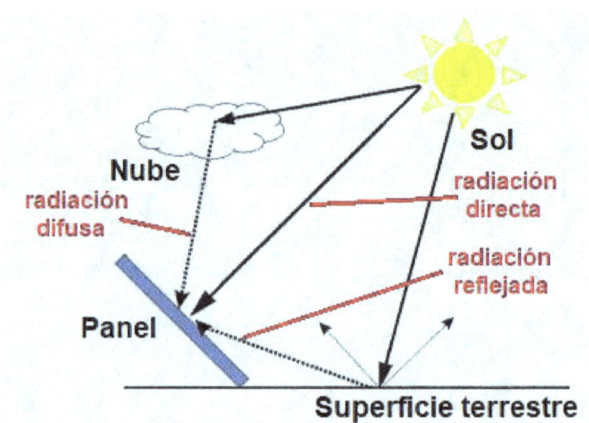

- Niveles de radiación y unidades de medida

Como hemos visto, la radiación se puede medir como intensidad de radiación o irradiancia G que podría ser algo similar a la potencia solar recibida en una superficie, pero también podemos evaluarla como irradiación H solar o energía solar recibida por unidad de superficie.

✓ Irradiancia

Ya hemos visto que su unidad es el W/m², y varía dependiendo de las horas del día y de la ubicación del lugar donde se reciba.

Se suele utilizar mucho el término de horas pico solar HPS diarias como el equivalente de horas totales de sol recibidas al día suponiendo en todas una irradiancia CEM de 1000 W/m².

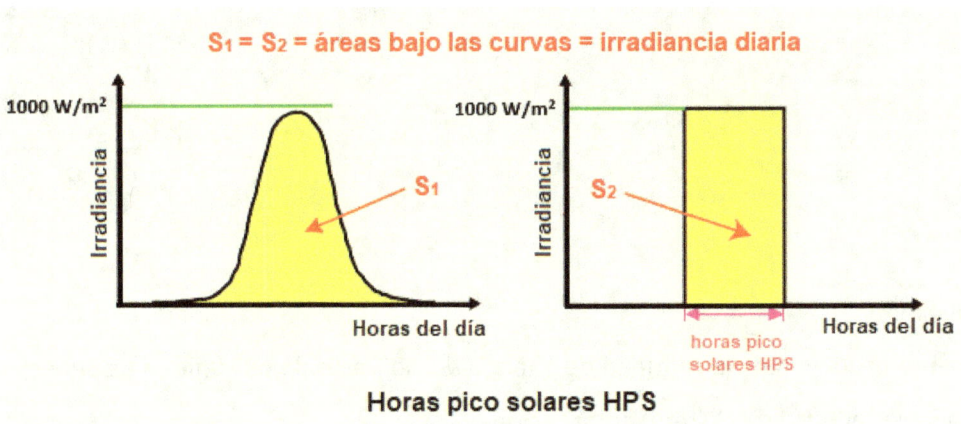

Horas pico solares HPS

Ejercicio resuelto:

En una instalación fotovoltaica se ha recibido durante un día una irradiancia media de 250 W/m². Se quiere saber cuántas horas pico solares se han recibido durante el día.

Durante el día se habrá recibido una irradiación total de:

$$H_d = G_d \cdot t = 250 \frac{W}{m^2} \cdot 24\,h = 6000\,W \cdot h/m^2$$

El número de horas pico solar, será.

$$HPS = \frac{H_d}{1000} = \frac{6000\,W \cdot h/m^2}{1000\,W/m^2} = 6\,HPS$$

Hay un programa que nos permite saber los niveles de radiación solar en todo el mundo que se denomina PVGIS, y se puede acceder a él a través de la web, siendo muy útil para la realización de cálculos fotovoltaicos, especialmente para ver los diferentes niveles de radiación dependiendo del lugar donde vayamos a implantar nuestra instalación.

En la siguiente figura se pueden apreciar datos de irradiancia media diaria en Madrid para un panel con 35° de inclinación durante el mes de enero, sacados del programa PVGIS:

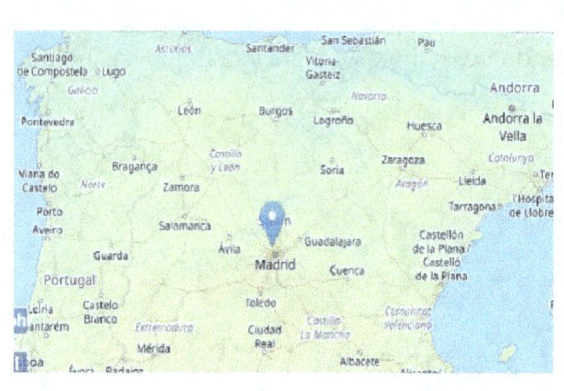
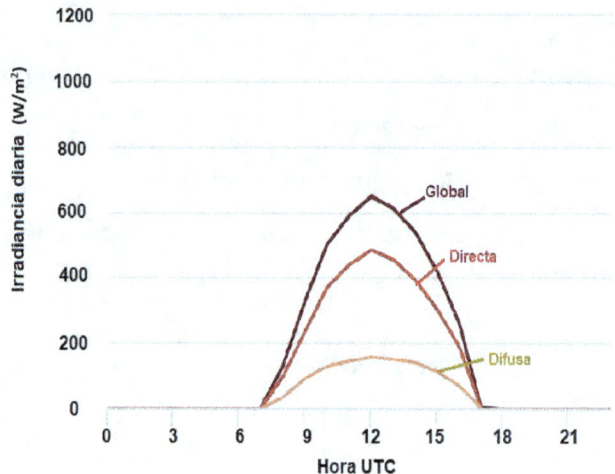

- ✓ Irradiación

Su unidad es el W·h/m², y mide la cantidad de energía del sol recibida por unidad de superficie, utilizándose a veces el J/m² del Sistema Internacional.

Es muy útil en el caso de sistemas fotovoltaicos conectados a la red eléctrica, pues nos permite saber la cantidad de energía que vamos a poder inyectar a la red teniendo en cuenta rendimientos y otra serie de factores.

Podemos ver en el siguiente gráfico los niveles de irradiación mensuales en Madrid sobre un plano inclinado 35° a lo largo de todo un año, extraído del programa PVGIS:

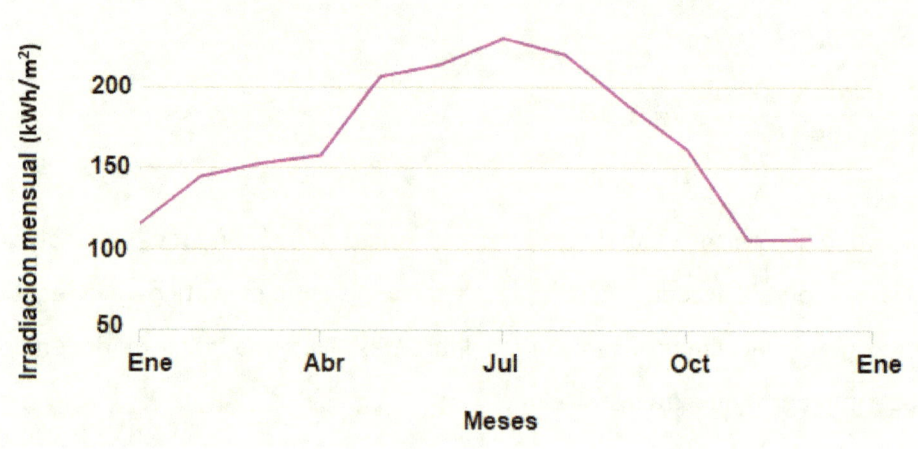

Se puede observar que en el mes de julio es cuando más energía solar se recibe, siendo sus valores mínimos durante los meses de noviembre y diciembre, coincidiendo con las estaciones de verano e invierno, respectivamente.

Ejercicio resuelto:

Queremos saber la energía eléctrica generada por una instalación fotovoltaica cuyo rendimiento es del 18% durante un mes, sabiendo que la irradiación recibida en ese período ha sido de 225 kWh/m², y que la superficie de paneles instalados es de 200 m².

Calculamos primero la energía recibida por los paneles:

$$E_r = 225 \ \frac{kWh}{m^2} \cdot 200 \ m^2 = 45000 \ kWh$$

Teniendo en cuenta el rendimiento de los paneles, la energía eléctrica producida, será:

$$\boldsymbol{E_e} = E_r \cdot \eta = 45000 \cdot \frac{18}{100} = \boldsymbol{8100 \ kWh}$$

2.2. Orientación e inclinación

- Movimiento de la Tierra

La Tierra gira alrededor del sol en su movimiento de traslación, y alrededor de sí misma en su movimiento de rotación.

✓ Traslación

En su movimiento de traslación, describe una órbita casi elíptica en la que el sol está situado en uno de los focos, con una duración de 365 días y 6 horas, habiendo dos puntos en los que la distancia al sol es la misma que coinciden con los equinoccios de primavera y otoño, otro punto en que la distancia al sol es la máxima que coincide con el solsticio de invierno (afelio), y un último punto en que la distancia al sol es mínima que coincide con el solsticio de verano (perihelio).

Durante el movimiento, el eje de la tierra no es perpendicular al plano de la elipse sino que se va desplazando un ángulo que oscila entre 23,45 ° y - 23,45 °, llamado ángulo de declinación δ. En el afelio de diciembre es de - 23,45 ° y en el perihelio de verano de 23,45 °, siendo de 0 ° en los equinoccios de marzo y septiembre.

El ángulo de declinación coincide con el ángulo formado por el eje del ecuador y el plano de la elipse, y su valor cada día se puede determinar mediante la siguiente expresión:

$$\boldsymbol{\delta = 23,45 \cdot sen \left(360 \cdot \frac{284 + n}{365}\right)}$$

Siendo n el número del día del año desde 1 a 365, y 1 el primer día de enero.

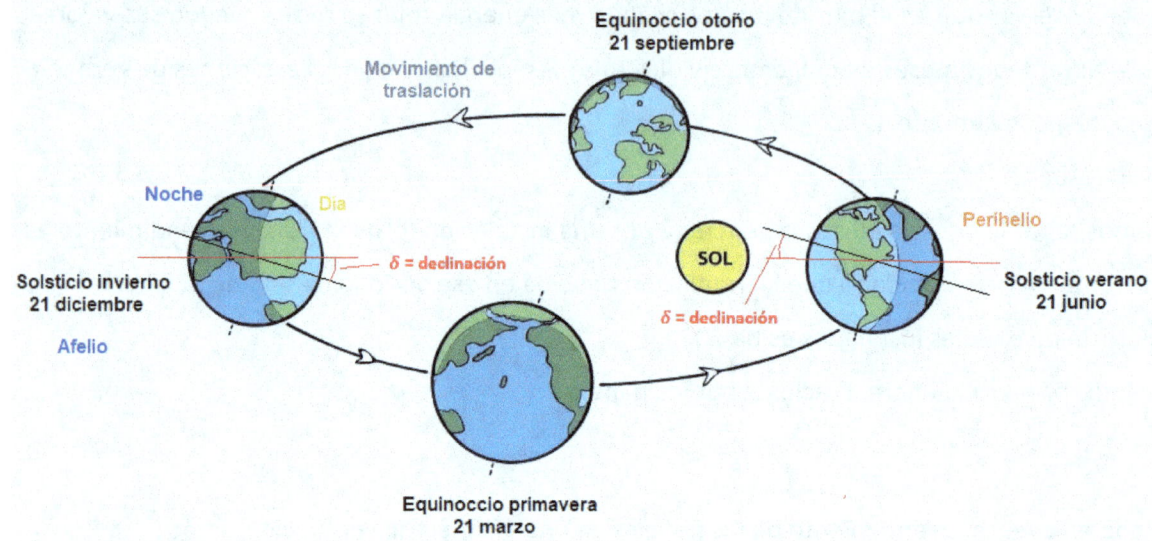

Ejercicio resuelto:

Queremos determinar cuál es el ángulo de declinación correspondiente al día 19 de marzo.

Vemos primero que número de día del año es:

$n = 31 + 28 + 19 = 78$

Y ahora aplicamos la fórmula del ángulo de declinación:

$$\delta = 23{,}45 \cdot sen\left(360 \cdot \frac{284 + 78}{365}\right) = 23{,}45 \cdot sen\ 357{,}04° = -1{,}21°$$

- ✓ Rotación

En su movimiento de rotación, la Tierra gira alrededor de su eje al ritmo aproximado de 1 vuelta diaria, concretamente 23 h 56 min, lo que provoca la sucesión de los días y de las noches, dependiendo de que el sol se encuentre en una cara o en la otra de la semiesfera terrestre en cada período.

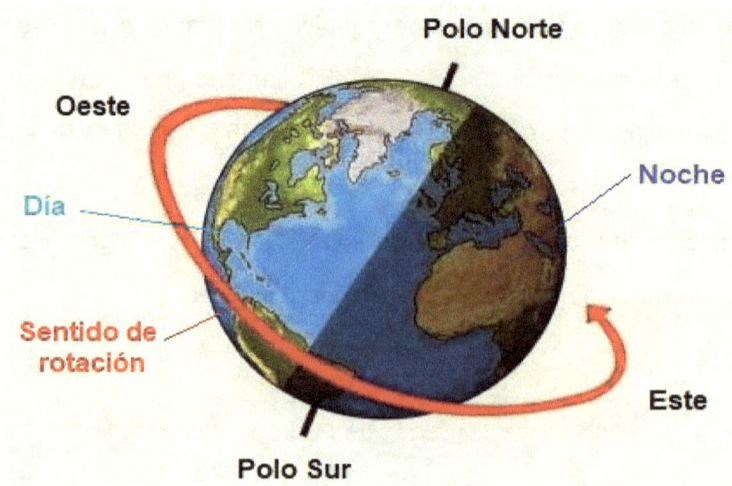

- Coordenadas del sol sobre la Tierra

Al incidir la luz solar sobre la Tierra, se pueden distinguir tres tipos de ángulos, el ángulo de elevación γ_s, el ángulo zenital θ_s, y el ángulo azimut ψ_s.

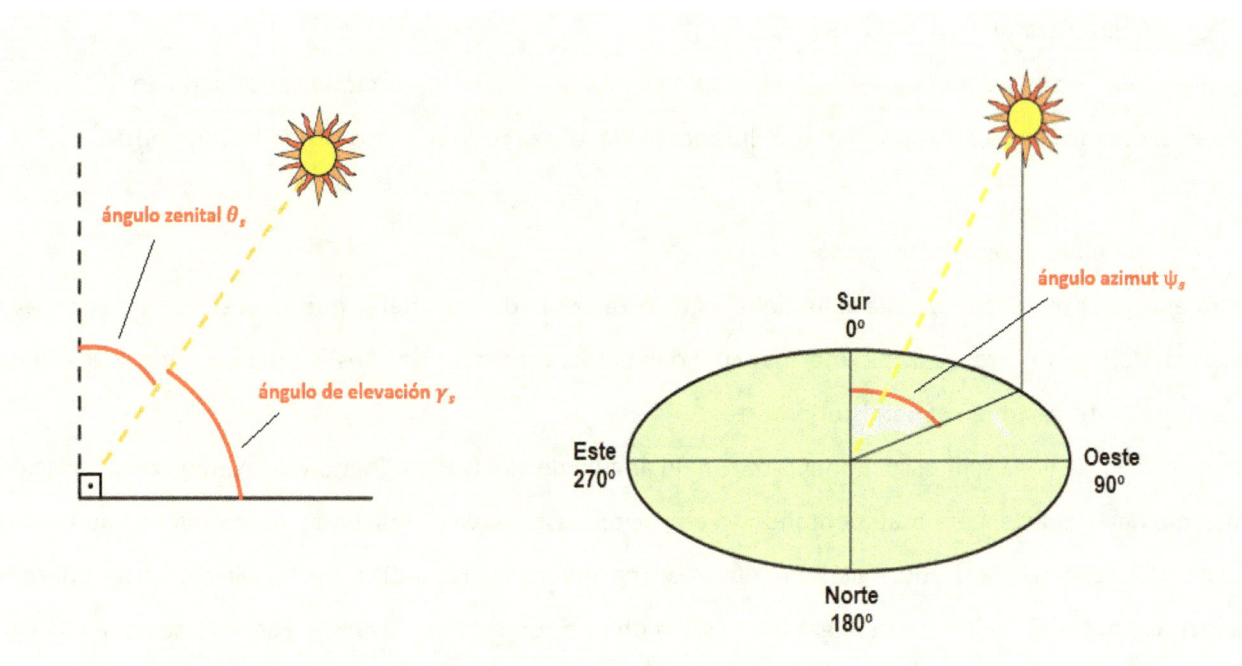

✓ Ángulo de elevación

Es el ángulo γ formado por el rayo de luz solar con la horizontal de la Tierra.

Los valores del ángulo de elevación van desde $90° - \phi - \delta$ en el solsticio de invierno, hasta $90° - \phi + \delta$ en el solsticio de verano, siendo ϕ la latitud del lugar y δ la declinación.

Ejercicio resuelto:

Determinar los valores máximo y mínimo de elevación del sol en la ciudad de Madrid, sabiendo que su latitud es de 40,4 °.

La elevación máxima se producirá el 21 de junio durante el solsticio de verano, y será:

$\gamma_{máx} = 90° - \phi + \delta = 90 - 40{,}4 + 23{,}45 = \mathbf{73{,}05}$ °

La elevación mínima tendrá lugar el 21 durante el solsticio de diciembre, y será:

$\gamma_{mín} = 90° - \phi - \delta = 90 - 40{,}4 - 23{,}45 = \mathbf{26{,}15}$ °

- ✓ Ángulo zenital

Es el ángulo θ formado por el rayo de luz solar con la perpendicular a la Tierra. Es el complementario del ángulo de elevación (la suma de ambos es de 90º).

- ✓ Ángulo azimut

Es el ángulo ψ que forma la proyección del sol sobre la Tierra con respecto al sur geográfico. Cuando el sol se encuentra en su posición más alta durante el día, el azimut es de 0º en el hemisferio norte.

- Movimiento aparente del sol

Para entender mejor como llega la luz solar a la Tierra se puede considerar que es el sol el que se mueve con respecto a la Tierra, es decir, imaginar su movimiento aparente visto desde un observador situado en la superficie terrestre en el hemisferio norte.

En este caso, se vería salir el sol por el Este con un ángulo de elevación mínimo y su azimut con desviación máxima hacia el Este, para ir aumentando su elevación hasta su valor máximo y disminuyendo su azimut hasta 0º, hecho que se produce al mediodía. Posteriormente vuelve a disminuir la elevación y aumentar su azimut hacia el Oeste, hasta llegar al ocaso, momento en que la elevación vuelve a ser mínima y el azimut máximo hacia el Oeste.

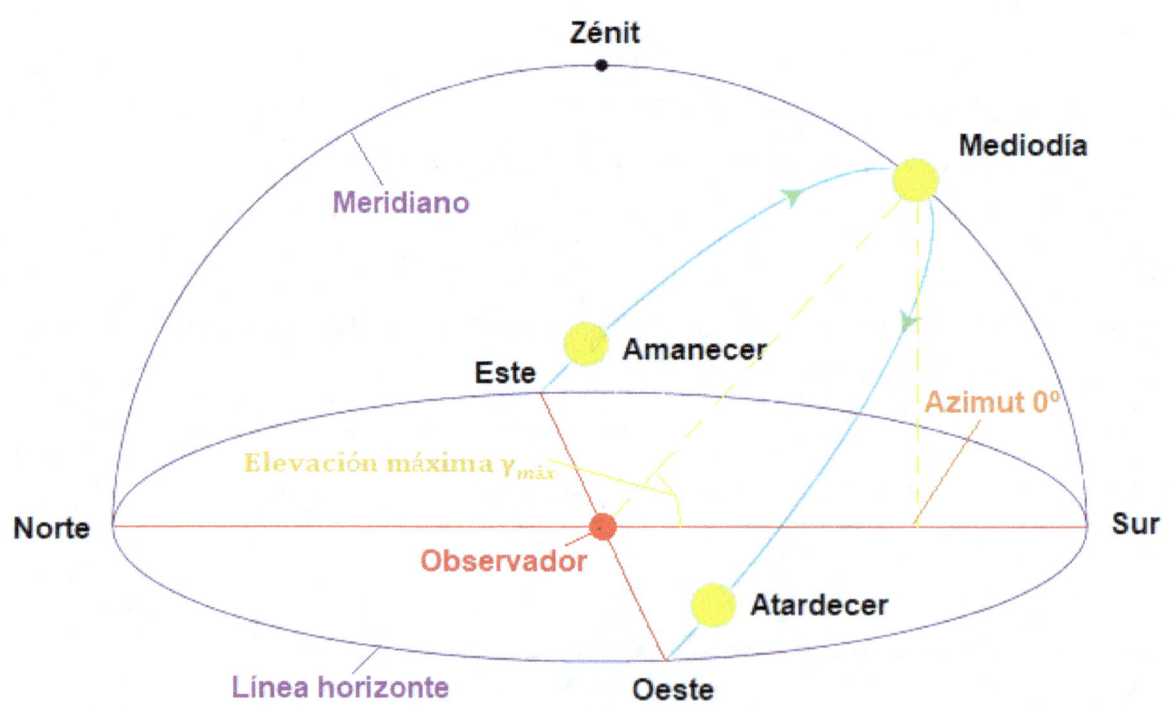

Hay herramientas que nos permiten obtener la carta solar de un lugar determinado, y son una serie de gráficos donde se puede ver los datos de elevación y azimut solar en un día concreto.

En la figura se puede ver la carta solar de Madrid, y en amarillo la correspondiente al 17 de abril de 2024.

En cada curva, están marcados puntos con las diferentes horas del día para poder ver sus coordenadas correspondientes a la elevación y el azimut del sol.

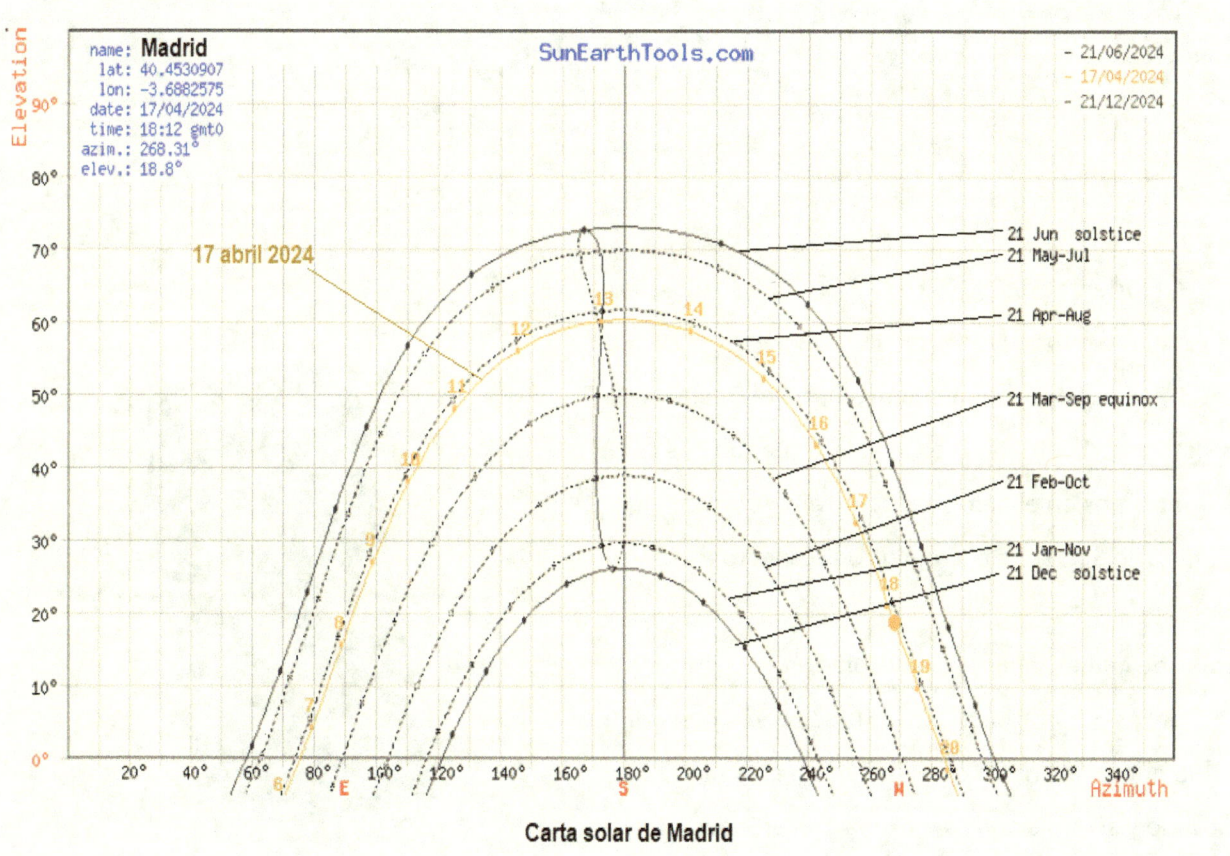

Carta solar de Madrid

- Orientación e inclinación

Son dos conceptos relacionados con la manera de situar los paneles con respecto al sol en una instalación fotovoltaica para recibir la energía de él.

Se trata de conseguir que ambos sean óptimos para recibir la mayor cantidad de energía.

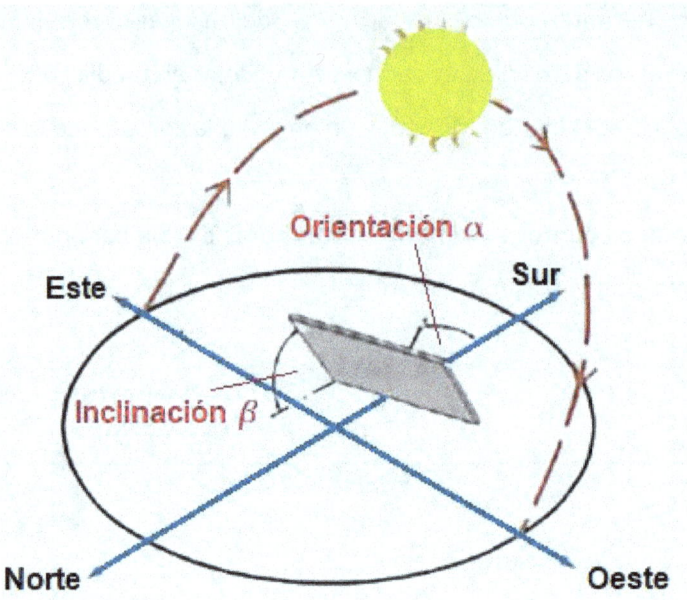

- ✓ Orientación

Es el ángulo α que presentan los paneles con respecto al Sur geográfico, siendo positivo hacia el Oeste y negativo hacia el Este. Esto es válido cuando nos encontramos en el hemisferio Norte, si fuera en el hemisferio Sur, sería el ángulo con respecto a la dirección Norte.

Coincide con el ángulo azimut solar.

Lo ideal es orientarlos hacia el Sur, es decir, con azimut 0°, ya que es el ángulo en el que el sol está más elevado y su radiación es máxima al mediodía.

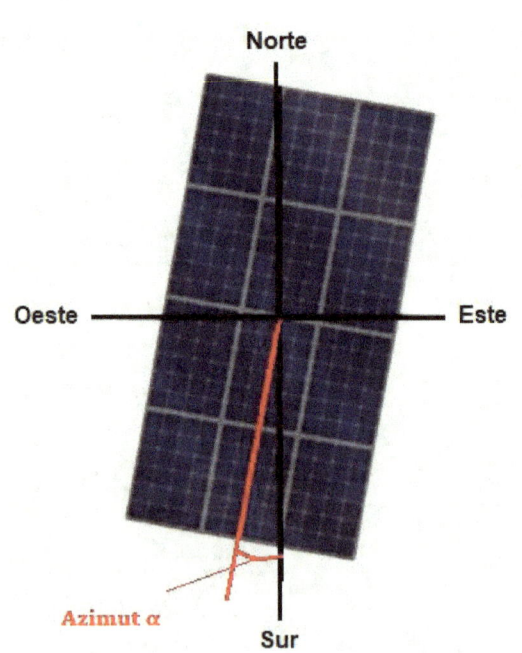

- ✓ Inclinación

Es el ángulo β que presentan los paneles con respecto al plano horizontal, siendo lo ideal que la luz solar incida de forma perpendicular a la superficie del panel, para lo cual, ese ángulo debería ser igual al ángulo zenital del sol, es decir, al complementario de su ángulo de elevación.

Normalmente se intenta que esta inclinación sea la óptima $\beta_{ópt}$, de forma que si se fijan con ese ángulo, los paneles reciban la mayor cantidad de energía durante el día o durante el tiempo a establecer de funcionamiento.

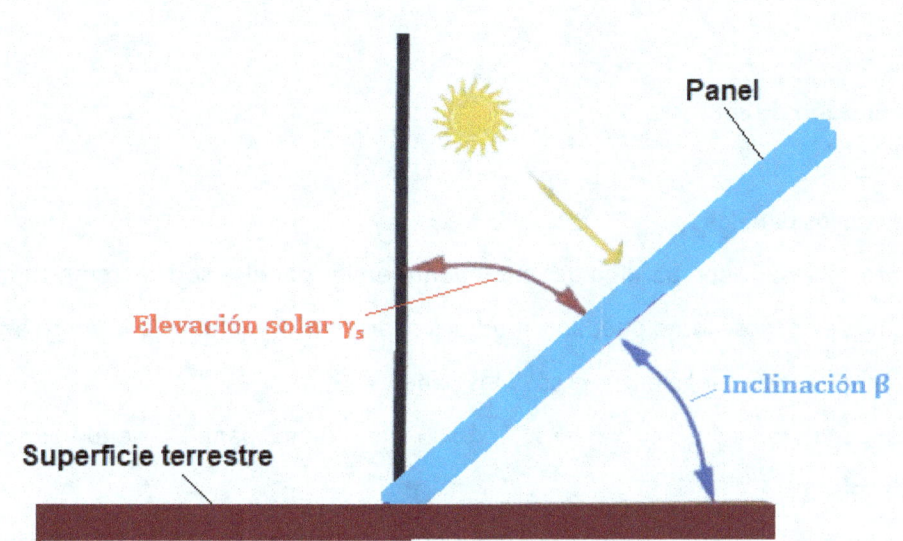

En la figura siguiente podemos apreciar las curvas de irradiancia sobre un panel dependiendo de sus coordenadas de orientación e inclinación en un determinado lugar.

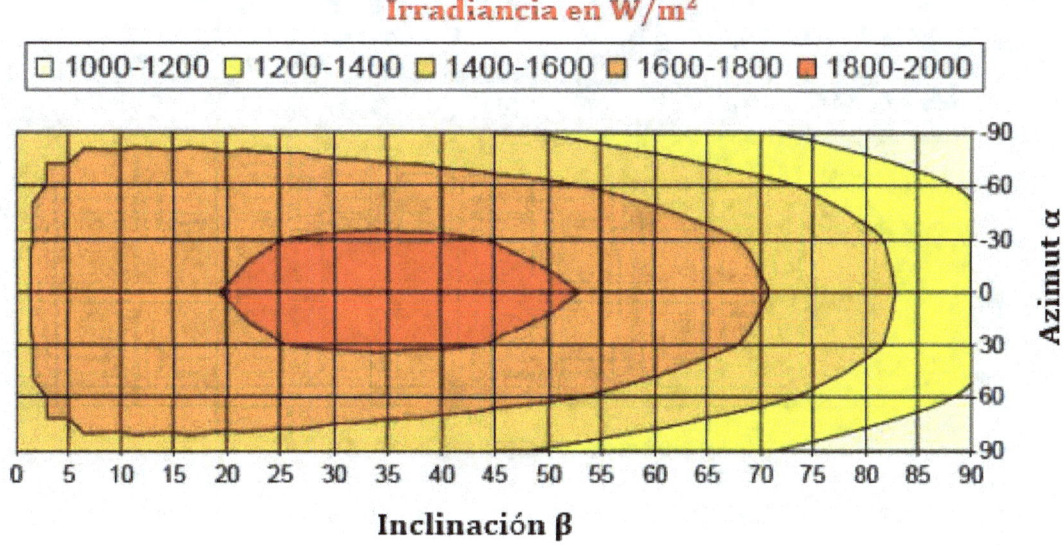

Ejercicio resuelto:

Queremos saber para el panel de la figura anterior, qué nivel de irradiancia recibirá cuando esté orientado hacia el Sur y tenga las inclinaciones de 30, 55, y 75 °.

Para todas ellas, al estar orientado hacia el Sur, su azimut α será de **0** °.

Para las diferentes inclinaciones y ese azimut, sus irradiancias estarán comprendidas entre:

$\beta_{30°} \implies 1800 - 2000 \; W/m^2$

$\beta_{55°} \implies 16000 - 1800 \; W/m^2$

$\beta_{75°} \implies 1400 - 1600 \; W/m^2$

2.3. Determinación de sombras

- Sombras en los paneles

Uno de los factores que suponen pérdida de rendimiento en los paneles son las sombras que pueden producir obstáculos externos, como puedan ser edificios, árboles, y cualquier elemento arquitectónico o de la naturaleza que se interponga entre el sol y los paneles.

Las sombras producen recalentamiento y pérdida de potencia en los paneles, siendo perjudiciales para la vida útil de los mismos.

Por todo ello, es fundamental tomar medidas a la hora de diseñar la instalación fotovoltaica para evitar y reducir los efectos provocados por las sombras a que puedan estar sometidos durante su funcionamiento.

Paneles sometidos a sombras

✓ Efectos de la sombra

Al producirse sombra sobre las células que componen un panel, estas dejan de funcionar como un generador de energía eléctrica y pasan a comportarse como un receptor.

Además de ello, se sobrecalientan (puntos calientes), pudiendo llegar a deteriorarse.

 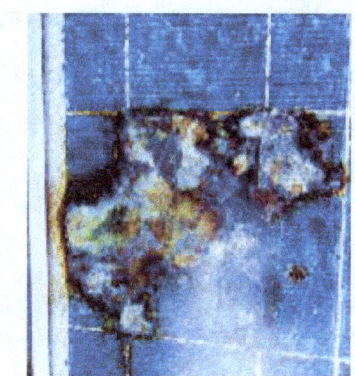

Efectos de las sombras sobre un panel fotovoltaico

- Diodos bypass

Se emplean para evitar que la corriente circule por la célula o células sombreadas puenteándolas, evitando que consuman energía actuando como receptores, y que circule a corriente a través de ellas y se puedan deteriorar.

Al actuar los diodos, la curva I-U del panel disminuye, bajando su producción entre un 40 y 100%, dependiendo del nivel de sombras sobre el panel.

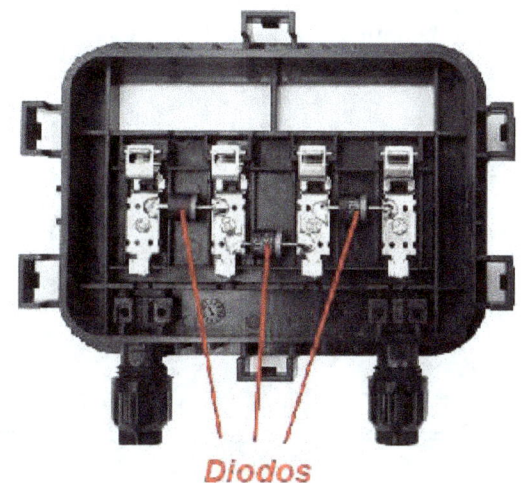

Van situados en la caja de conexiones de los paneles y normalmente se coloca uno por cada rama o string, puenteando el total de la rama al producirse sobra en cualquiera de sus células.

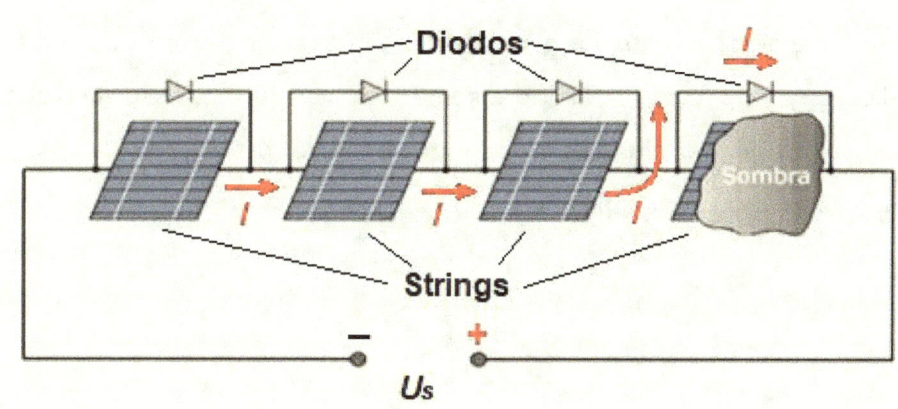

- Determinación de sombras

La determinación de sombras tiene por objeto calcular la distancia que debe haber entre los paneles de forma que unos no proyecten sombras en otros.

En el caso de lugares situados en el hemisferio Norte habrá que tener en cuenta el momento en que las sombras son más largas, es decir, cuando el sol está más bajo, y esto ocurre durante el solsticio de invierno (21 de diciembre).

Como ya vimos en apartados anteriores, en ese momento (solsticio de invierno) el valor de la elevación del sol es mínima y su valor es:

$$\gamma_{mín} = 90° - \phi - \delta$$

Este será el ángulo de proyección de la sombra generada desde un panel a otro, siendo ϕ la latitud del lugar y δ la declinación máxima de 23,45 °.

Para calcular esa distancia, se puede aplicar la ley de los senos de un triángulo no rectángulo como se aprecia en la figura:

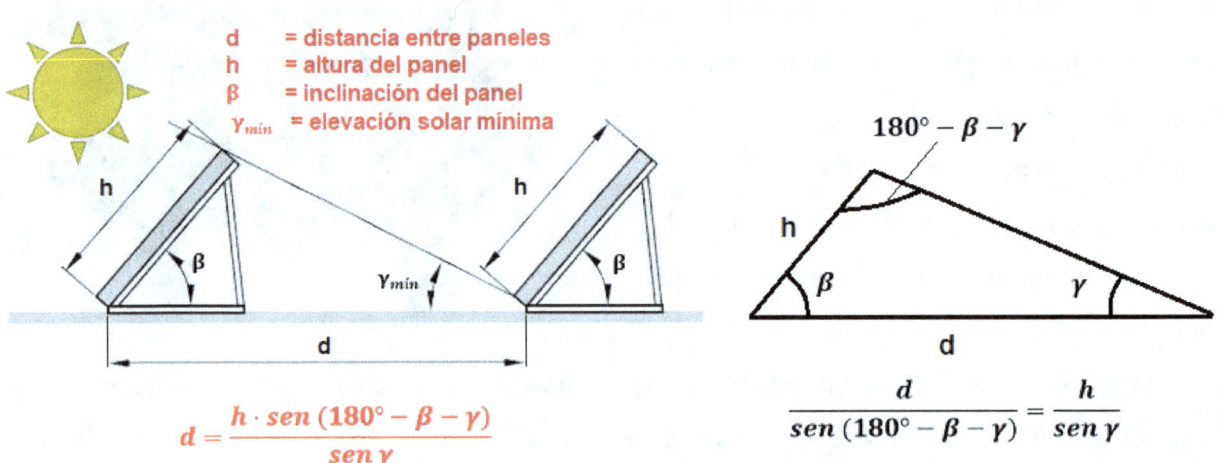

Ejercicio resuelto:

Queremos determinar la distancia entre los paneles de una instalación de forma que no se proyecten sombras entre ellos, estando situada en Madrid con una latitud de 40,45 °, y sabiendo que la inclinación de los paneles va a ser de 35 °, y la altura de los mismos de 1,5 metros.

Calculamos primero la elevación solar mínima:

$\gamma_{mín} = 90° - \phi - \delta = 90 - 44,45 - 23,45 = 22,1°$

Ahora ya podemos calcular la distancia mínima entre paneles:

$$d = \frac{h \cdot sen\,(180° - \beta - \gamma)}{sen\,\gamma} = \frac{1,5 \cdot sen\,(180 - 35 - 22,1)°}{sen\,22,1°} = \frac{1,5 \cdot sen\,122,9°}{sen\,22,1°} = \mathbf{3,3475\,m}$$

2.4. Cálculo de paneles

Para realizar el cálculo de la potencia que deben tener los paneles en una instalación fotovoltaica autónoma hay que saber primero el consumo W en kWh que va a tener esa instalación.

Este consumo se puede saber fácilmente consultando el recibo de la compañía eléctrica donde figuran los kWh consumidos en un período que suele ser mensual o bimestral.

También se puede evaluar el consumo diario haciendo una relación de receptores con sus respectivas potencia y horas de uso diarias, sumando el de todos ellos.

También hay que tener en cuenta qué períodos de uso va a tener la instalación, siendo los más habituales: verano, invierno o anual.

Para cada uno de esos períodos, se puede determinar de manera aproximada la inclinación óptima de los paneles en función de la latitud ϕ del lugar según la siguiente tabla:

Período de uso	Inclinación óptima β_{opt}
Verano	$\phi - 20°$
Invierno	$\phi + 10°$
Anual	$\phi - 10°$

La fórmula que nos permite calcular la potencia total de los paneles es la siguiente:

$$P_G = \frac{W}{HSP \cdot PR}$$

Siendo:

P_G la potencia total de los paneles en kW

W el consumo de la instalación en kWh

HSP las horas pico solares durante ese período

PR un coeficiente que tiene en cuenta el rendimiento del sistema, y que se suele coger como 0,7 cuando hay inversor y 0,6 cuando hay regulador e inversor.

Para realizar el cálculo de la potencia de los paneles se debe coger el mes de menor radiación del período de cálculo, de forma que para este mes la potencia sea suficiente.

Ejercicio resuelto:

Queremos saber la potencia total de paneles a instalar en una vivienda habitual situada en Madrid cuyo recibo bimensual arroja un consumo de 350 kWh, y que tiene regulador e inversor.

Al ser una vivienda habitual, su consumo durante un mes será la mitad del bimestral:

$W_a = 0{,}5 \cdot W_{2m} = 0{,}5 \cdot 350 = 175 \; kWh$

La inclinación óptima, sabiendo que la latitud en Madrid es de 40,4 °, será para el período anual:

$\beta_{ópt} = \phi - 10° = 44,4 - 10 = 34,4°$

Haciendo uso del programa PVGIS, obtenemos la irradiación para el peor mes durante el año, que como vemos en la gráfica es noviembre:

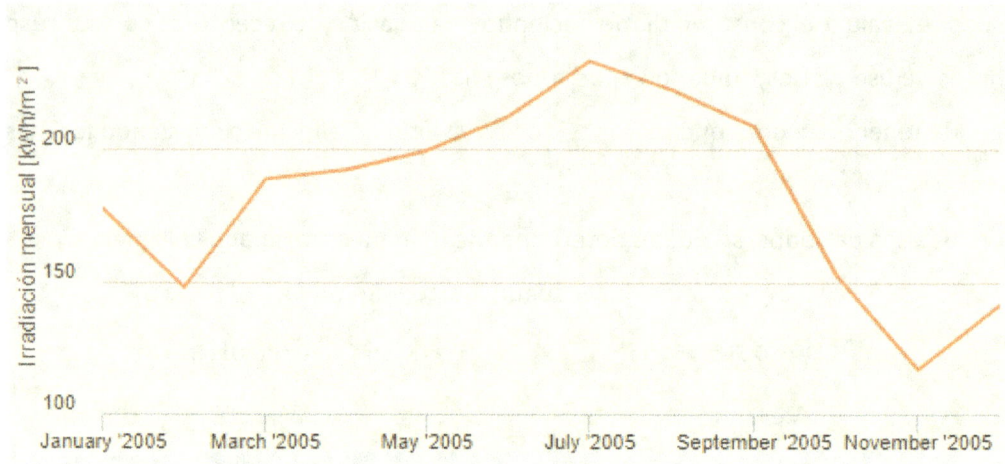

$H_{nov} = 116,88 \, kWh/m^2$

Ahora calculamos las horas pico solares durante ese mes para esa irradiación:

$HSP_m = \dfrac{H_a}{G_{CEM}} = \dfrac{116,88 \, kWh/m^2}{1 \, kW/m^2} = 116,88 \, HSP$

Por último, calculamos la potencia de paneles necesaria:

$P_G = \dfrac{W}{HSP \cdot PR} = \dfrac{175 \, kWh}{116,88 \, h \cdot 0,6} = \mathbf{2,4954 \, kW = 2495,4 \, W}$

Para calcular el número de paneles habría que elegir la potencia del modelo de panel a instalar, siendo la fórmula:

$$n^{\underline{o}} \, \boldsymbol{paneles} = \dfrac{P_G}{P_p}$$

En nuestro caso, elegimos paneles de 150 W y, por tanto:

$n^{\underline{o}} \, \boldsymbol{paneles} = \dfrac{P_G}{P_p} = \dfrac{2495,4}{150} = 16,63 \Rightarrow \mathbf{18 \, paneles}$

Se colocarán 18 paneles que al ser número par permiten una mejor configuración a la hora de conectarlos.

La potencia total instalada será:

$P_T = n^\underline{o}\ paneles \cdot P_p = 18 \cdot 150 = 2700\ W$

No es conveniente que la potencia instalada supere en más de un 20 % a la calculada:

$$P_G < P_T \leq 1,20 \cdot P_G$$

En nuestro caso:

$2495,4 < 2700 \leq 1,20 \cdot 2495,4 \leq 2994,4$, por tanto, se cumple.

2.5. Cálculo de baterías

Muchas de las aplicaciones de las instalaciones fotovoltaicas (autónomas) se calculan para alimentar receptores que funcionan durante el día y la noche, por lo que van acompañadas de un sistema de acumulación (baterías).

Hay recomendaciones de expertos que nos indican que la capacidad de las baterías a instalar tiene que situarse entre 1 y 1,5 kWh por cada Kw pico de paneles instalados.

A continuación, podemos ver una tabla que nos indica las capacidades máximas en función de la potencia fotovoltaica instalada y de la potencia de salida del inversor CC/CA:

Potencia corriente alterna del inversor en kVA	Capacidad máxima de la batería en kWh						
10	3,0 kWh	4,5 kWh	6,0 kWh	7,5 kWh	9,0 kWh	10,5 kWh	12,0 kWh
9	3,0 kWh	4,5 kWh	6,0 kWh	7,5 kWh	9,0 kWh	10,5 kWh	12,0 kWh
8	3,0 kWh	4,5 kWh	6,0 kWh	7,5 kWh	9,0 kWh	10,5 kWh	12,0 kWh
7	3,0 kWh	4,5 kWh	6,0 kWh	7,5 kWh	9,0 kWh	10,5 kWh	10,5 kWh
6	3,0 kWh	4,5 kWh	6,0 kWh	7,5 kWh	9,0 kWh	9,0 kWh	9,0 kWh
5	3,0 kWh	4,5 kWh	6,0 kWh	7,5 kWh	7,5 kWh	7,5 kWh	7,5 kWh
4	3,0 kWh	4,5 kWh	6,0 kWh	6,0 kWh	6,0 kWh	6,0 kWh	6,0 kWh
	2000	3000	4000	5000	6000	7000	8000
	Potencia fotovoltaica instalada en Wp						

Para asegurar una adecuada carga de la batería, su capacidad nominal en Ah no debe exceder en 25 veces la corriente de cortocircuito en A de la salida de los paneles.

Una forma habitual de realizar el cálculo de las baterías es partir del consumo diario de los receptores y multiplicarlo por el número de días de autonomía que queremos que tenga la batería para tener en cuenta posibles situaciones de falta de sol, siendo un número habitual el de 3 días.

También es necesario tener en cuenta la profundad máxima de descarga de la batería, ya que si se supera ese límite la batería puede sufrir daños o incluso quedar inservible.

Igualmente es necesario saber si la instalación va a estar aislada o conectada a la red eléctrica.

Veamos la fórmula que nos permite el cálculo de las baterías:

$$C = \frac{W_d \cdot A}{PD}$$

Donde:

C será la capacidad de la batería en Wh

W_d será el consumo diario en Wh

A será el número de días de autonomía de la batería

PD será la profundidad de descarga de la batería en tanto por uno

Ejercicio resuelto:

Queremos saber la capacidad de la batería a instalar en un sistema fotovoltaico en el que tenemos un consumo diario de 4 kWh, sabiendo que la profundidad máxima de la batería es del 80% y se requiere una autonomía de 3 días.

La profundidad de descarga en tanto por uno será de 0,8.

Ahora aplicamos la fórmula:

$$C = \frac{W_d \cdot A}{PD} = \frac{4 \cdot 3}{0,8} = 15 \; kWh$$

La profundidad de descarga en baterías suele oscilar entre un 0,7 y un 0,8 cuando se trata de instalaciones para viviendas.

Otro factor a tener en cuenta es el rendimiento de la batería, además del regulador e inversor si hubiera este último que es lo más habitual. El conjunto de todos ellos se puede considerar entre un 65 y un 75 %, y lo denominaremos η_{bri}.

Para el ejercicio anterior, teniendo en cuenta un rendimiento del 75%, la capacidad sería:

$$C = \frac{W_d \cdot A}{PD \cdot \eta} = \frac{4 \cdot 3}{0,8 \cdot 0,75} = 20 \; kWh$$

En la mayoría de los casos, la capacidad viene reflejada en Ah y, para ello, bastará con dividir la expresada en Wh entre la tensión nominal de la misma.

Continuando con el ejercicio anterior y considerando que la tensión nominal del sistema es de 24 V, tendríamos:

$$C = \frac{W_d \cdot A}{PD \cdot \eta \cdot U_n} = \frac{4000 \cdot 3}{0{,}8 \cdot 0{,}75 \cdot 24} = \frac{20000\ Wh}{24\ V} = \mathbf{833{,}\widehat{3}\ Ah}$$

2.6. Caídas de tensión y sección de conductores

En las instalaciones fotovoltaicas nos vamos a encontrar con dos tipos de líneas, de corriente continua y de corriente alterna.

Para ambos casos realizaremos los cálculos de sección por caída de tensión y por intensidad, siguiendo lo que marca el Reglamento de Baja Tensión.

La caída de tensión permitida en el total de la instalación, desde el generador hasta el consumo, no debe exceder un 1,5 %.

Dado que el generador fotovoltaico entrega la energía a la salida del inversor, podemos considerar ese 1,5 % para el tramo que va desde el inversor al cuadro general de C.A.

De hecho, la entrada de tensión al regulador y al inversor admite un margen bastante generoso, además de regular la tensión a su salida, por lo que no tiene sentido hacer el cálculo de caída de tensión en los tramos de corriente continua. Por tanto, en los tramos de corriente continua, para calcular la sección de conductores se tendrá en cuanta solamente el criterio de la intensidad máxima admisible en los mismos.

- Cálculo de sección

  ✓ Por caída de tensión

Como el criterio de caída de tensión, solo se aplicará al tramo de corriente alterna, tendremos:

— En corriente alterna monofásica

$$s = \frac{2 \cdot P \cdot L}{\gamma \cdot u \cdot U} \quad o\ bien \quad s = \frac{2 \cdot I \cdot \cos\varphi \cdot L}{\gamma \cdot u}$$

— En corriente alterna trifásica

$$s = \frac{P \cdot L}{\gamma \cdot u \cdot U} \quad o\ bien \quad s = \frac{\sqrt{3} \cdot I \cdot \cos\varphi \cdot L}{\gamma \cdot u}$$

Siendo:

s la sección de la línea en mm^2

P la potencia máxima del inversor en W

L la longitud de la línea en m

γ la conductividad del conductor en $\Omega \cdot mm^2/m$

u la caída de tensión en V

U la tensión nominal en V

A continuación, podemos ver una tabla con los valores de conductividad teniendo en cuenta que como aislantes termoplásticos están el PVC (policloruro de vinilo) y la poliolefina, mientras que termoestables son el XLPE (polietileno reticulado) y el EPR (etileno propileo):

Material	Temperatura del conductor		
	20°C	Termoplásticos 70°C	Termoestables 90°C
Cobre	58,0	48,5	45,5
Aluminio	35,7	29,7	27,8

Conductividad en m/Ω·mm²

Ejercicio resuelto:

Queremos saber la sección de la línea que va del inversor de una instalación fotovoltaica al cuadro de la vivienda, sabiendo que la potencia de este es de 4 kVA, sabiendo que es monofásico, y la línea es de cobre con aislamiento de polietileno reticulado, siendo su longitud de 10 m.

Al ser cobre con XLPE, y temperatura máxima del aislante de 90 °C, tomaremos como conductividad:

$\gamma_{90°} = 45,5 \ m/\Omega \cdot mm^2$

La caída de tensión en voltios, será:

$u = u\% \cdot U = \dfrac{1,5}{100} \cdot 230 = 3,75 \ V$

Al tratarse de una línea monofásica, tenemos:

$s = \dfrac{2 \cdot P \cdot L}{\gamma \cdot u \cdot U} = \dfrac{2 \cdot 4000 \cdot 10}{45,5 \cdot 3,75 \cdot 230} = \mathbf{2,03 \ mm^2}$

Por tanto, la **sección comercial** sería de $\mathbf{2,5 \ mm^2}$

✓ Por intensidad

Para hacer el cálculo por intensidad de la sección hay que determinar la intensidad máxima que va a circular por los conductores de la línea y a partir de ella, elegir una sección cuya máxima intensidad admisible sea igual o mayor que aquella.

En la figura se pueden ver los diferentes tramos de línea con que podemos encontrarnos en el caso de una instalación con regulador e inversor.
Se comprueba que existen tramos en corriente continua (antes del inversor) y otros en corriente alterna (después del inversor).

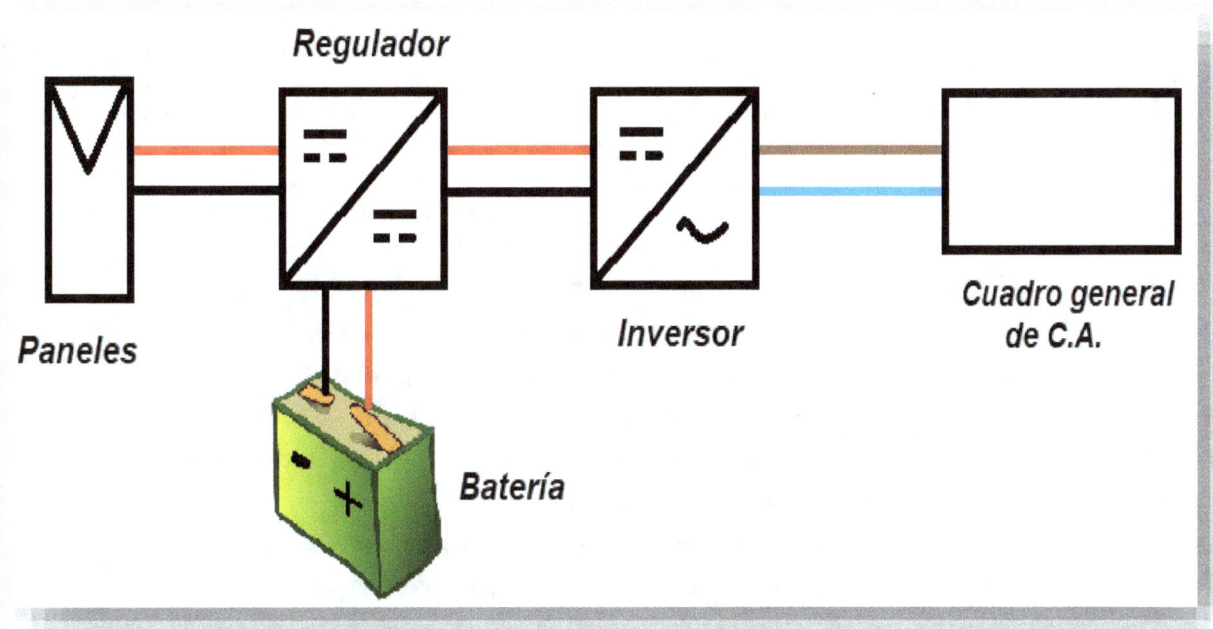

En la tabla de la página siguiente se ven las intensidades admisibles para diferentes secciones, en función del tipo de instalación, número de conductores, tipo de aislante y material del conductor, referente a conductores al aire.

Intensidades admisibles (A) de cables al aire a 40°C

Tipo Instalación						Número de conductores y tipo de aislamiento											
A1		PVC3	PVC2					XLPE3		XLPE2							
A2	PVC3	PVC2				XLPE3		XLPE2									
B1				PVC3		PVC2						XLPE3			XLPE2		
B2		PVC3	PVC2					XLPE3		XLPE2							
C						PVC3				PVC2				XLPE3		XLPE2	
E								PVC3				PVC2			XLPE3		XLPE2
F										PVC3				PVC2	XLPE3		XLPE2
Sección mm² Cu	2	3	4	5a	5b	6a	6b	7a	7b	8a	8b	9a	9b	10a	10a	11	12	13
1,5	11	11,5	12,5	13,5	14	14,5	15,5	16	16,5	17	17,5	19	20	20	20	21	23	25
2,5	15	15,5	17	18	19	20	20	21	22	23	24	26	27	27	28	30	32	34
4	20	20	22	24	25	26	27	29	30	31	32	34	36	36	38	40	44	46
6	25	26	29	31	32	34	36	37	39	40	41	44	46	46	49	52	57	59
10	33	36	40	43	45	46	49	52	54	54	57	60	63	65	68	72	78	82
16	45	48	53	59	61	63	66	69	72	73	77	81	85	87	91	97	104	110
25	59	63	69	77	80	82	86	87	91	95	100	103	108	110	115	122	135	146
35				95	100	101	106	109	114	119	224	127	133	137	143	153	168	182
50				116	121	122	128	133	139	145	151	155	162	167	174	188	204	220
70				148	155	155	162	170	178	185	193	199	208	214	223	243	262	282
95				180	188	187	198	207	216	224	234	241	252	259	271	298	320	343
120				207	117	116	126	240	251	260	272	280	293	301	314	346	373	397
150						247	259	276	287	299	313	322	337	343	359	401	430	458
185						281	294	314	329	341	356	368	385	391	409	460	493	523
240						330	345	368	385	401	419	435	455	468	689	545	583	617

Tipo de instalación	
A1	Cable multiconductor directamente empotrado en pared aislante
A2	Cable multiconductor bajo tubo empotrado en pared aislante
B1	Cables unipolares bajo tubo directamente sobre pared o empotrado en obra
B2	Cable multiconductor bajo tubo directamente sobre pared o empotrado en obra
C	Cables unipolares o multiconductor directamente empotrados en obra
E	Cable multiconductor al aire libre o separados de la pared
F	Cables unipolares al aire libre o separados de la pared

A las intensidades máximas admisibles que figuran en las tablas, hay que aplicarles factores de corrección cuando la temperatura ambiente es diferente de 40 °C o cuando hay varios cables o circuitos agrupados:

Aislamiento	Temperatura ambiente (θ_a) (°C)										
	10	15	20	25	30	35	40	45	50	55	60
Tipo PVC (termoplástico)	1,4	1,34	1,29	1,22	1,15	1,08	1,00	0,91	0,82	0,70	0,57
Tipo XLPE o EPR (termoestable)	1,26	1,23	1,19	1,14	1,10	1,05	1,00	0,96	0,90	0,83	0,78

Punto	Disposición	Número de circuitos o cables multiconductores									Instalación tipo
		1	2	3	4	6	9	12	16	20	
1	Agrupados al aire, en una superficie, empotrados o en el interior de una envolvente.	1,0	0,80	0,70	0,65	0,55	0,50	0,45	0,40	0,40	A a F
2	Capa única sobre los muros o los suelos o bandejas no perforadas.	1,00	0,85	0,80	0,75	0,70	0,70	0,70	0,70	0,70	C
3	Capa única fijada al techo.	0,95	0,80	0,70	0,70	0,65	0,60	0,60	0,60	0,60	
4	Capa única sobre bandejas perforadas horizontales o verticales.	1,0	0,90	0,80	0,75	0,75	0,70	0,70	0,70	0,70	E y F
5	Capa única sobre escaleras de cables, abrazaderas, soportes, bridas de amarre, etc.	1,0	0,85	0,80	0,80	0,80	0,80	0,80	0,80	0,80	

Ejercicio resuelto:

Queremos saber la sección a utilizar en el tramo de línea que discurre entre los paneles y el inversor de una instalación fotovoltaica sabiendo que la intensidad de cortocircuito I_{SC} que sale del generador fotovoltaico es de 35,3 A, la línea de conductores unipolares de cobre discurre al aire sobre bandejas, y la temperatura ambiente es de 35 °C, estando aislada con polietileno reticulado.

Al provenir la intensidad de un generador hay que mayorarla en un 25 % para calcular la intensidad que circulará por la línea según se indica en el Reglamento, por tanto:

$I_L = I_{SC} \cdot 1{,}25 = 35{,}3 \cdot 1{,}25 = 44{,}125 \; A$

Al ser la línea de corriente continua tendrá dos conductores, y al ser aislante de polietileno reticulado habrá que mirar en la tabla donde ponga XLPE2.

Al ser la temperatura de 35 °C, a las intensidades de la tabla habrá que aplicarles un coeficiente de temperatura $K_{t°} = 1{,}05$.

Al ir al aire sobre bandejas y ser los conductores unipolares, se corresponde con el tipo de instalación F. Con todo lo anterior, habrá que mirar las intensidades en la columna 13, siendo primera sección cuya intensidad admisible es igual o superior a 44,125 A, la de 4 mm², cuya intensidad es:

$I_a = 46 \; A$

Habrá que multiplicarla por el coeficiente de temperatura, quedando:

$I'_a = I_a \cdot K_{t°} = 46 \cdot 1{,}05 = 48{,}3 \; A$

Se compara con la intensidad de la línea, y al ser mayor que ella se escoge esa sección:

$I'_a = 48{,}3 \; A > I_L = 44{,}125 \; A \quad \Rightarrow \quad \boldsymbol{s = 4 \; mm^2}$

Para conductores enterrados (tipo de instalación D), la tabla es la siguiente:

Intensidades admisibles (A) de cables directamente enterrados o bajo tubo a 25°C y resistividad térmica 2,5 K·m/W. Tipo instalación D																
Sección mm² Cu		1,5	2,5	4	6	10	16	25	35	50	70	95	120	150	185	240	300
Aislante nº conductores	PVC2	20	27	36	44	59	76	98	118	140	173	205	233	264	296	342	387
	PVC3	17	22	29	37	49	63	81	97	115	143	170	192	218	245	282	319
	XLPE2	24	32	42	53	70	91	116	140	166	204	241	275	311	348	402	455
	XLPE3	21	27	35	44	58	75	96	117	138	170	202	230	260	291	336	380
Sección mm² Al		1,5	2,5	4	6	10	16	25	35	50	70	95	120	150	185	240	300
Aislante nº conductores	XLPE2						70	89	107	126	156	185	211	239	267	309	349
	XLPE3						58	74	90	107	132	157	178	201	226	261	295

Los factores de corrección para cables enterrados se aplican para temperaturas diferentes de 25 °C, para resistividades térmicas diferentes de 2,5 K·m/W, o cuando hay agrupación de cables o circuitos:

Aislamiento	Temperatura ambiente (θ_a) (°C)														
	10	15	20	25	30	35	40	45	50	55	60	65	70	75	80
Tipo PVC (termoplástico)	1,16	1,11	1,05	1,00	0,94	0,88	0,81	0,75	0,66	0,58	0,47	-	-	-	-
Tipo XLPE o EPR (termoestable)	1,11	1,08	1,04	1,00	0,97	0,93	0,89	0,83	0,79	0,74	0,68	0,63	0,55	0,48	0,40

Resistividad térmica K·m/w	0,5	0,7	1	1,5	2	2,5	3
Cables en conductos enterrados (D1)	1,28	1,20	1,18	1,1	1,05	1	0,96
Cables enterrados directamente (D2)	1,88	1,62	1,5	1,28	1,12	1	0,90

Número de circuitos	Distancia entre conductos (a)				
	Núla (cables en contacto)	Un diámetro de cable	0,125m	0,25m	0,5m
2	0,75	0,80	0,85	0,90	0,90
3	0,65	0,70	0,75	0,80	0,85
4	0,60	0,60	0,70	0,75	0,80
5	0,55	0,55	0,65	0,70	0,80
6	0,50	0,55	0,60	0,70	0,80
7	0,45	0,51	0,59	0,67	0,76
8	0,43	0,48	0,57	0,65	0,75
9	0,41	0,46	0,55	0,63	0,74
12	0,36	0,42	0,51	0,59	0,71
16	0,32	0,38	0,47	0,56	0,68
20	0,29	0,35	0,44	0,53	0,66

Ejercicio resuelto:

Queremos saber la sección a utilizar en el tramo de línea de conductores de cobre unipolares aislados con polietileno reticulado que discurre subterránea bajo tubo entre los paneles y el inversor de una instalación fotovoltaica, sabiendo que la intensidad de cortocircuito I_{SC} que sale del generador fotovoltaico es de 72,4 A, la temperatura del terreno es de 20 °C y su resistividad térmica de 3 K·m/W.

Al provenir la intensidad de un generador hay que mayorarla en un 25 % para calcular la intensidad que circulará por la línea, según se indica en el Reglamento, por tanto:

$I_L = I_{SC} \cdot 1{,}25 = 72{,}4 \cdot 1{,}25 = 90{,}5\ A$

Al ser la línea de corriente continua, tendrá dos conductores, y al ser aislante de polietileno reticulado habrá que mirar en la tabla donde ponga XLPE2.

Al ser la temperatura del terreno de 20 °C y el aislante XLPE, a las intensidades de la tabla habrá que aplicarles un coeficiente de temperatura $K_{t°} = 1{,}04$.

Al ser la resistividad térmica del terreno de 3 K·m/W, a las intensidades de la tabla habrá que aplicarles un coeficiente de temperatura $K_r = 0{,}96$.

Al ser instalación tipo D, de conductores enterrados bajo tubo, miramos en la tabla correspondiente las secciones de cobre y XLPE2, y la primera intensidad admisible superior o igual a 90,5 A, es de 91 A, correspondiente a una sección de 16 mm²:

$I_a = 91\ A$

Multiplicándola por los coeficientes de temperatura y resistividad, queda:

$I'_a = I_a \cdot K_{t°} \cdot K_r = 91 \cdot 1{,}04 \cdot 0{,}96 = 90{,}85\ A$

Se compara con la intensidad de la línea, y al ser mayor que ella se escoge esa sección:

$I'_a = 90{,}85\ A > I_L = 90{,}5\ A \quad \Rightarrow \quad \boldsymbol{s = 16\ mm^2}$

Ejercicio resuelto:

Queremos saber la sección a utilizar en el tramo de línea de conductores de cobre unipolares aislados con polietileno reticulado que discurre subterránea bajo tubo entre el inversor trifásico y el cuadro general de CA, de una instalación fotovoltaica, sabiendo que la potencia nominal del inversor es de 15 kVA y la tensión de salida de 400 V, la temperatura del terreno es de 25 °C y su resistividad térmica de 2,5 K·m/W.

La intensidad nominal que sale del inversor será:

$$I_i = \frac{S}{\sqrt{3} \cdot U_L} = \frac{15000}{\sqrt{3} \cdot 400} = 21{,}65 \, A$$

Al provenir la intensidad de un generador, hay que mayorarla en un 25 % para calcular la intensidad que circulará por la línea, según se indica en el Reglamento, por tanto:

$I_L = I_i \cdot 1{,}25 = 21{,}65 \cdot 1{,}25 = 27{,}06 \, A$

Al ser la línea de corriente alterna tendrá tres conductores activos, y al ser aislante de polietileno reticulado habrá que mirar en la tabla donde ponga XLPE3.

Al ser instalación tipo D, de conductores enterrados bajo tubo, miramos en la tabla correspondiente las secciones de cobre y XLPE3, y la primera intensidad admisible superior o igual a 27,06 A, es de 35 A, correspondiente a una sección de 4 mm²:

$I_a = 35 \, A$

Al coincidir la temperatura y resistividad del terreno con la de la tabla, no hay que aplicar coeficientes pues estos serían de valor la unidad.

Se compara con la intensidad de la línea, y al ser mayor que ella se escoge esa sección:

$I_a = 35 \, A \; > \; I_L = 27{,}06 \, A \quad \Rightarrow \quad \boldsymbol{s = 4 \, mm^2}$

2.7. Esquemas y simbología

- Simbología

Son muchos los componentes que nos podemos encontrar en una instalación fotovoltaica y, por ello, nos vamos a limitar a mostrar en la figura los símbolos de los componentes fundamentales de la instalación, aunque como se podrá ver en los esquemas se pueden utilizar otros en forma de dibujos o símbolos diferentes que pueden ser más parecidos a la realidad.

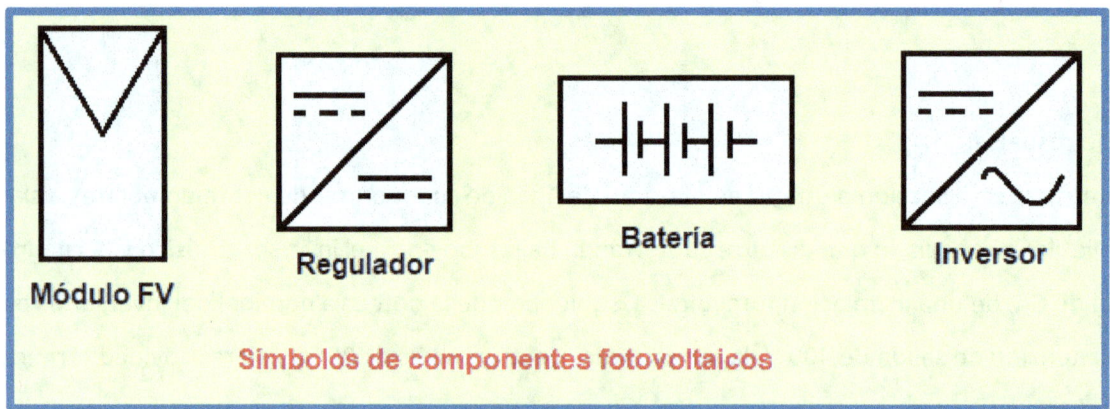

Símbolos de componentes fotovoltaicos

- Esquemas

Haciendo uso de los símbolos se pueden representar esquemas de diferentes tipos de instalaciones fotovoltaicas dependiendo de la configuración de las mismas.

Vamos a representar por tanto algunas de las más usuales.

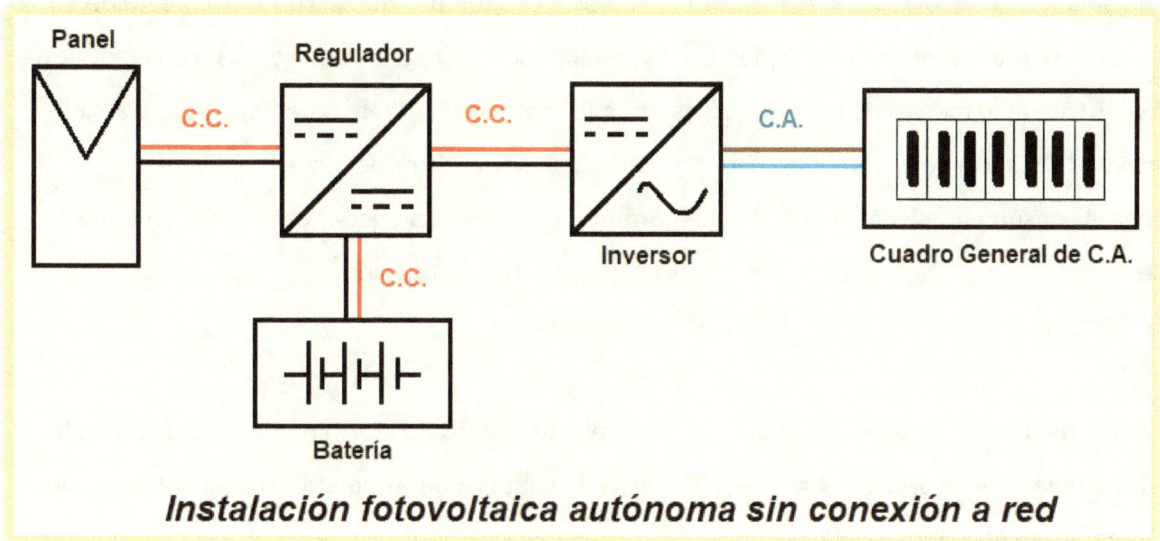

Instalación fotovoltaica autónoma sin conexión a red

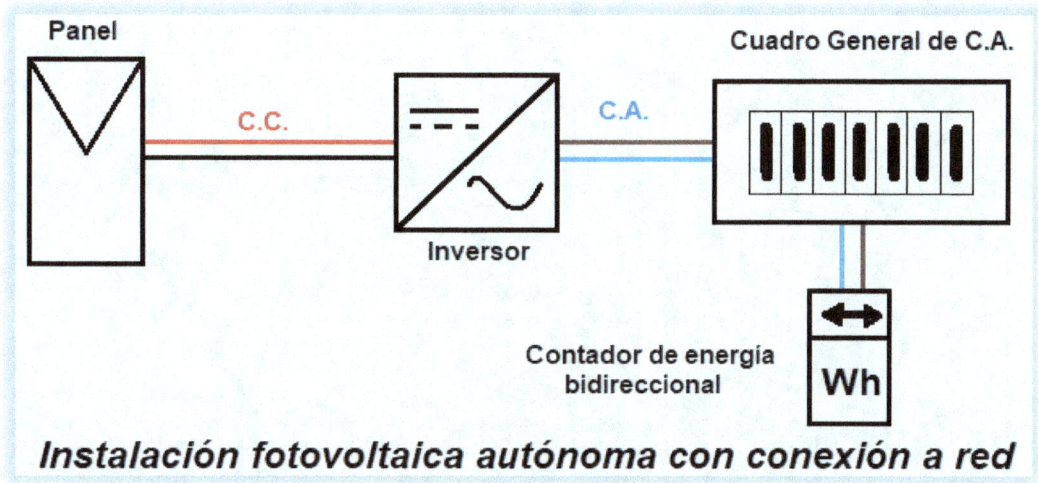

Instalación fotovoltaica autónoma con conexión a red

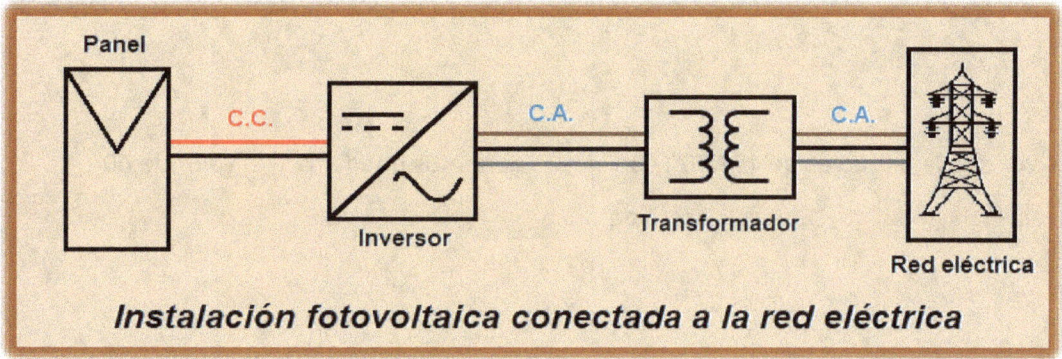

Instalación fotovoltaica conectada a la red eléctrica

2.8. Actividades

- **Cálculo de instalación solar fotovoltaica aislada**

Vamos a realizar el cálculo para una casa unifamiliar situada en Aranjuez, en una zona fuera del casco urbano y habitada de forma habitual durante todo el año. Sabemos que el consumo medio de electricidad se mueve entre los 100 y los 120 kWh cada mes. El regulador, baterías e inversor irán en un cuarto situado a 10 metros de los paneles, estando las baterías a 2 metros del regulador y a 3 el inversor. La distancia del inversor al cuadro general de la vivienda es de 7 metros.

Al tener el consumo mensual dentro de una horquilla, nos vamos a quedar con el mes en que se consuma más energía para poder estar cubiertos por nuestra instalación:

Tomamos pues el consumo mensual de la instalación como:

$$W_m = 120 \; kWh$$

Al tratarse de una vivienda habitada durante todo el año, vamos a determinar la inclinación de los paneles mediante la expresión $\beta = \phi - 10°$. Para ello vamos a determinar la latitud del lugar, que podemos ver en el programa PVGIS.

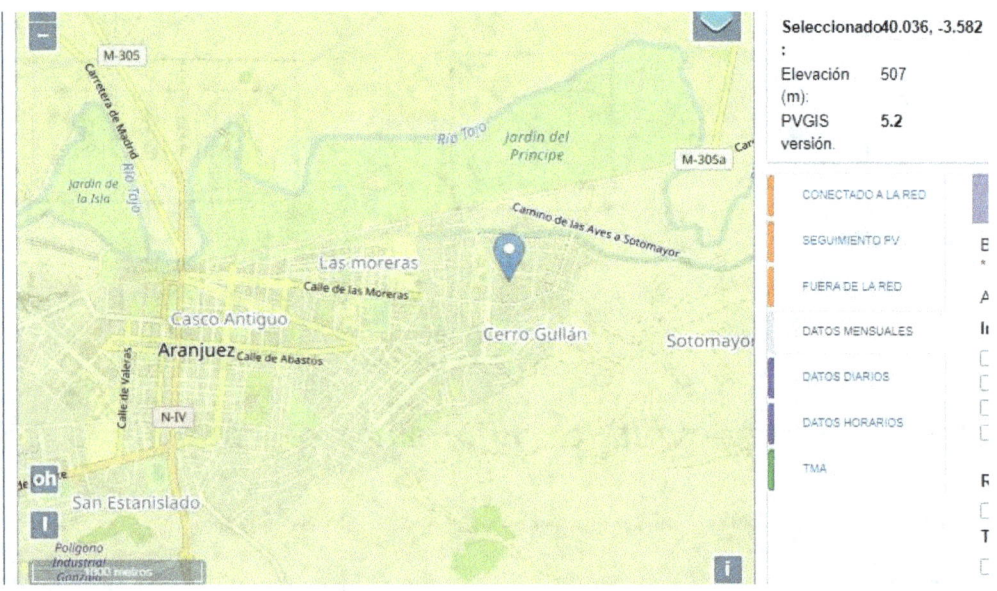

Podemos ver que la latitud es de 40,036°, con lo que podemos quedar con el valor de 40°.

Por tanto, la inclinación de los paneles será de:

$$\beta = \phi - 10° = 40 - 10 = 30°$$

A continuación, procedemos a determinar la irradiación solar recibida en la situación de la vivienda en el peor mes, haciendo uso del mismo programa:

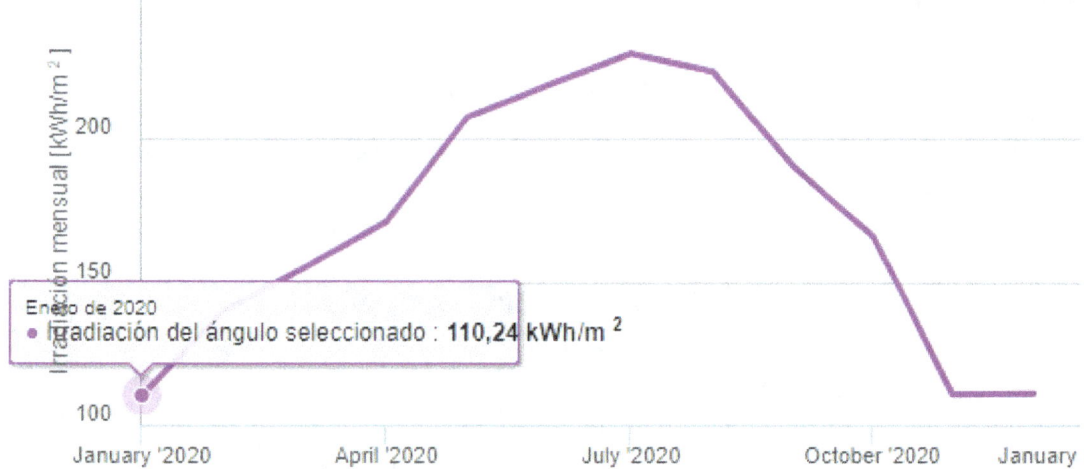

Observamos que el mes de peor irradiación es el de enero, siendo su valor:

$$H_{ene} = 110{,}24\ kWh/m^2$$

Veamos ahora las horas solares pico correspondientes a ese mes:

$$HSP_m = \frac{H_{ene}}{G_{CEM}} = \frac{110{,}24\ kWh/m^2}{1\ kW/m^2} = 110{,}24\ HSP$$

✓ Cálculo de los paneles:

Ya podemos calcular la potencia de paneles tomando un rendimiento del sistema de 0,6 al tener regulador e inversor:

$$P_G = \frac{W_m}{HSP_m \cdot PR} = \frac{120}{110{.}24 \cdot 0{,}6} = 1{,}81422\ kW = 1814{,}22\ W$$

Vamos a elegir una tensión nominal del sistema de $U_n = 24\ V$.

Elegimos instalar paneles de la marca AIKO, cuyas características eléctricas son:

Electrical Characteristics (STC: AM1.5 1000W/m² 25°C NOCT: AM1.5 800W/m² 20°C 1m/s)										Power Tolerance:0~+3%
Model	AIKO-A600-MAH72Mw		AIKO-A605-MAH72Mw		AIKO-A610-MAH72Mw		AIKO-A615-MAH72Mw		AIKO-A620-MAH72Mw	
Test Conditions	STC	NOCT	STC	NOCT	STC	NOCT	STC	NOCT	STC	NOCT
P_{max} [W]	600	452	605	456	610	459	615	463	620	467
V_{oc} [V]	53.99	50.99	54.09	51.08	54.19	51.18	54.29	51.27	54.39	51.36
V_{mp} [V]	44.68	42.19	44.78	42.29	44.88	42.38	44.98	42.48	45.08	42.57
I_{sc} [A]	14.20	11.48	14.28	11.55	14.36	11.61	14.44	11.68	14.52	11.74
I_{mp} [A]	13.43	10.72	13.52	10.79	13.60	10.85	13.68	10.91	13.76	10.98
Module Efficiency	23.2%		23.4%		23.6%		23.8%		24.0%	

Nos decantamos por el panel modelo AIKO-605, cuyas características son:

$P_{máx} = 605\ W,\ U_{mp} = 44{,}78\ V,\ I_{mp} = 13{,}52\ A,\ U_{oc} = 54{,}09\ V\ e\ I_{sc} = 14{,}28\ A$

Calculamos el número de paneles a continuación:

$$n^{\underline{o}}\ paneles = \frac{P_G}{P_p} = \frac{1814{,}22}{605} = 2{,}99 \approx 3\ paneles$$

Al ser la tensión nominal de los paneles de 24 V, la disposición de los paneles será en paralelo:

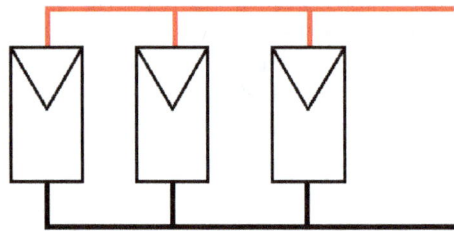

Siendo las características del generador fotovoltaico:

$P_{máx} = 1815\ W,\ U_{mp} = 44{,}78\ V,\ I_{mp} = 40{,}56\ A,\ U_{oc} = 54{,}09\ V\ e\ I_{sc} = 42{,}84\ A$

Se observa que las tensiones coinciden con las de cada panel al estar en paralelo, y la potencia e intensidades son el triple, al tratarse de tres paneles.

✓ Elección del regulador

Para elegir el regulador nos decantamos por uno de la marca MUST, cuyas características son las siguientes:

MODEL		PC18-6025F		PC18-8025F		PC18-10025F
Nominal Battery System Voltage		12V / 24V / 48VDC (Auto detection); 36V (Setting)				
CONTROLLER INPUT	Battery Voltage	12V	24V	36V	48V	48V
	Maximum Solar Input Voltage	200V	245V			
	PV Array MPPT Voltage Range	15~195V	30~230V	45~230V	60~230V	60~230V
	Maximum Input Power	12 Volt-940W 24 Volt-1880W 36 Volt-2820W 48 Volt-3760W		12 Volt-1250W 24 Volt-2500W 36 Volt-3750W 48 Volt-5000W		12 Volt-1560W 24 Volt-3120W 36 Volt-4680W 48 Volt-6250W

Elegimos el modelo de regulador PC18-602F, ya que para la tensión de 24 V permite una máxima potencia de entrada de 1880 W, siendo la del generador de 1815 W.

El margen de tensiones de máxima potencia de entrada es de 30-230 V, que se encuentra dentro de los 44,78 V del generador.

- ✓ Cálculo de la batería

Para elegir la batería sabemos que su tensión ha de ser la nominal del sistema, es decir, de 24 V, y escogemos una autonomía de 3 días con una profundidad de descarga del 80 %.

Para saber el consumo diario, dividimos el consumo mensual entre 30 días:

$$W_d = \frac{W_m}{30} = \frac{120}{30} = 4\ kWh$$

Vamos a considerar un rendimiento de batería e inversor del 70 %.

Y ahora determinamos la capacidad de la batería:

$$C = \frac{W_d \cdot A}{PD \cdot U_n \cdot \eta} = \frac{4000 \cdot 3}{0,8 \cdot 24 \cdot 0,7} = 892,85\ Ah$$

Se puede comprobar que no supera el valor de 25 veces la corriente de cortocircuito del generador que es de 42,84 A, tal y como se recomienda:

$$25 \cdot I_{sc} = 25 \cdot 42,84 = 1071\ Ah > 892,85\ Ah$$

Vamos a elegir una batería de GEL marca TENSITE de 12 V y 150 Ah, cuyas características son las siguientes:

MODELO DE BATERÍA	Voltaje nominal		12 V	
	Capacidad nominal (100 Horas)		150 Ah	
	Celdas por batería		6	
DIMENSIONES	Longitud	Ancho	Altura	Altura total
	407 mm	174 mm	215 mm	223 mm
PESO APROXIMADO	33,6 kg ± 3%			
CAPACIDAD @ 25ºC	10 horas	5 horas	3 horas	1 hora
	120 Ah	96 Ah	87 Ah	72 Ah
CORRIENTE DE DESCARGA MÁXIMA	1200 A (5 seg.)			
CORRIENTE DE CARGA MÁXIMA	36 A			
RESISTENCIA INTERNA	Cargado por completo a 25ºC: Aproximadamente 4,0 mΩ			
CAPACIDAD VS TEMPERATURA	40ºC	25ºC	0ºC	-15ºC
	102%	100%	85%	65%
AUTODESCARGA @ 25ºC	Después de 3 meses en almacenamiento		Tras 6 meses	Tras 12 meses
	91%		82%	64%
MÉTODO DE CARGA @ 25ºC	Rango de Tensión de Carga uso en Ciclos (Bulk)		Rango de Tensión de Carga uso en Flotación (Float)	
	14,30 - 14,60 V		13,60 - 13,80 V	
CONSTRUCCIÓN	Envase	Electrolito	Separadores	Positivo	Negativo	Válvula	Terminal
	BS (UL94-HB) / ABS ignífugo (UL94-V0)	Gel tixotrópico de ácido sulfúrico	Polímero macromolecular	Dióxido de plomo	Plomo	EPDR	Cobre

Al ser la tensión de cada batería de 12 V, tendremos que colocar dos baterías en serie para conseguir los 24 V en cada rama.

Veamos el número de ramas baterías en paralelo necesarias para conseguir la capacidad que necesitamos:

$$n^{\underline{o}}\ ramas\ paralelo = \frac{C}{C_b} = \frac{892,85}{150} = 5,95 \approx 6\ ramas\ en\ paralelo$$

Por lo tanto, necesitamos 12 baterías de 150 Ah y 12 V, que se conectarán en seis ramas con dos baterías en serie en cada rama.

En la figura inferior se puede observar el esquema de conexión:

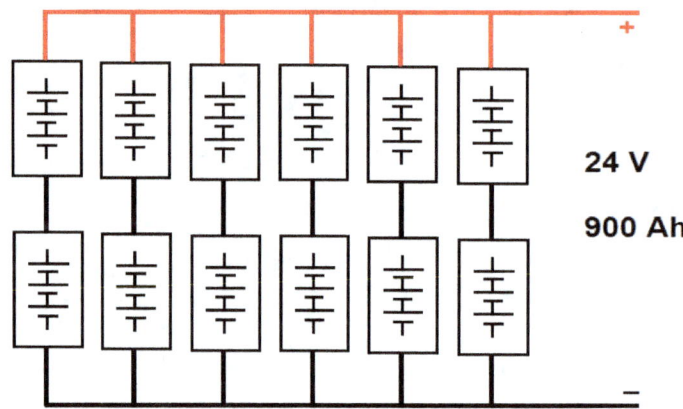

- ✓ Elección del inversor

Para elegir el inversor nos hemos decantamos por el modelo de inversor VICTRON PHOENIX C24/2000, cuyas características se pueden ver en la tabla inferior:

Inversor Phoenix	C12/1200 C24/1200	C12/1600 C24/1600	C12/2000 C24/2000	12/3000 24/3000 48/3000	24/5000 48/5000
Funcionamiento en paralelo y en trifásico			Sí		
INVERSOR					
Rango de tensión de entrada (V DC)			9,5 – 17V 19 – 33V 38 – 66V		
Salida			Salida: 230V ± 2% / 50/60Hz ± 0,1% (1)		
Potencia cont. de salida 25ºC (VA) (2)	1200	1600	2000	3000	5000
Potencia cont. de salida 25ºC (W)	1000	1300	1600	2400	4000
Potencia cont. de salida 40ºC (W)	900	1200	1450	2200	3700
Potencia cont. de salida 65ºC (W)	600	800	1000	1700	3000
Pico de potencia (W)	2400	3000	4000	6000	10000
Eficacia máx. 12 / 24 / 48V (%)	92 / 94 / 94	92 / 94 / 94	92 / 92	93 / 94 / 95	94 / 95
Consumo en vacío 12 / 24 / 48V (W)	8 / 10 / 12	8 / 10 / 12	9 / 11	20 / 20 / 25	30 / 35
Consumo en vacío en modo AES (W)	5 / 8 / 10	5 / 8 / 10	7 / 9	15 / 15 / 20	25 / 30
Consumo en vacío modo Search (W)	2 / 3 / 4	2 / 3 / 4	3 / 4	8 / 10 / 12	10 / 15

Se puede apreciar que los rangos de tensión de entrada son de 19-33 V de CC, y que la tensión de salida es de 230 V de CA.

- ✓ Cálculo de los conductores

Para calcular la sección de los conductores necesaria para nuestra instalación habrá que tener en cuenta los diferentes tramos de línea:

- Tramo generador-regulador

Como ya se comentó durante la unidad, se tendrá en cuenta la intensidad que circulará multiplicando por 1,25 la intensidad de cortocircuito del generador:

$$I_L = 1{,}25 \cdot I_{sc} = 1{,}25 \cdot 42{,}84 = 53{,}55 \, A$$

Suponiendo los conductores unipolares instalados al aire sobre bandeja (tipo F), de cobre y aislados con polietileno reticulado, mirando en la tabla correspondiente (columna 13) de esta unidad, buscamos la primera sección cuya intensidad admisible sea igual o superior a la que circula por la línea:

$$s = 6 \, mm^2 \rightarrow I_a = 59 \, A > 53{,}55 \, A$$

- Tramo regulador–batería

Consideramos la misma intensidad de cortocircuito multiplicada por 1,25, y el mismo sistema de instalación, por tanto:

$$s = 6 \, mm^2 \rightarrow I_a = 59 \, A > 53{,}55 \, A$$

- Tramo regulador–inversor

Para determinar la intensidad de la línea, tenemos en cuenta la potencia del inversor y la tensión nominal de entrada, y la multiplicamos por 1,25:

$$I_L = \frac{S_i}{U_n} \cdot 1{,}25 = \frac{2000}{24} \cdot 1{,}25 = 104{,}1\hat{6} \, A$$

Considerando el mismo sistema de instalación:

$$s = 16 \, mm^2 \rightarrow I_a = 110 \, A > 104{,}1\hat{6} \, A$$

- Tramo inversor–cuadro general de CA

Para este tramo realizamos dos cálculos, por caída de tensión, fijada en el 1,5 % (3,45 V), y por intensidad admisible:

o Por caída de tensión

Al ser el conductor de cobre aislado con poliolefina, su conductividad será de 48,5 Ω·mm²/m, y al tener el tramo una longitud de 7 m, considerando la potencia del inversor y su tensión de salida, tendremos:

$$s = \frac{2 \cdot P \cdot L}{\gamma \cdot u \cdot U} = \frac{2 \cdot 2000 \cdot 7}{48,5 \cdot 3,45 \cdot 230} = 0,727 \; mm^2 \quad \Rightarrow \quad s = 1,5 \; mm^2$$

o Por intensidad

Consideramos que el conductor es de cobre unipolar bajo tubo empotrado (tipo B1) y aislado con Poliolefina (equivalente térmicamente al PVC).

La intensidad que sale del inversor es $I_i = \frac{S_i}{U_n} = \frac{2000}{230} = 8,69 \; A$, que habrá que mayorar en un 25% para calcular la intensidad de la línea: $I_L = 1,25 \cdot 8,69 = 10,86 \; A$

Mirando en la tabla para el tipo de instalación B1 y PVC2, concretamente en la columna 6a, tenemos:

$$s = 1,5 \; mm^2 \;\rightarrow\; I_a = 14,5 \; A > 10,86 \; A$$

Por lo tanto, nos quedamos con la mayor sección obtenida por ambos cálculos que será:

$$s = 1,5 \; mm^2$$

Como norma general, para una instalación fotovoltaica residencial, se utilizan secciones de 4 o 6 mm² y, por ello escogeríamos una sección de 4 mm².

- Cuestiones

1. Qué es un string.

2. Define la autonomía y la profundidad de descarga de una batería.

3. Indica las unidades de medida de la capacidad de una batería.

4. Cuáles son los tres tipos de radiación que constituyen la radiación global.

5. Qué es la irradiancia y en qué unidades se mide.

6. En qué consisten las horas solares pico.

7. Qué es la irradiación y en qué unidades se mide.

8. Indica cuáles son los dos movimientos de la Tierra y en qué consisten.

9. Explica los que son los equinoccios y los solsticios.

10. Qué es el ángulo de declinación.

11. Cuáles son las tres coordenadas del sol sobre la Tierra.

12. Qué es una carta solar.

13. Define los conceptos de orientación e inclinación de un panel solar.

14. Cuáles son los efectos de las sombras sobre los paneles solares.

15. Cuáles son los métodos para calcular la sección de los conductores de una instalación fotovoltaica.

- Ejercicios

1. Determina las horas solares pico diarias de una localidad donde la irradiación media diaria es de 5,95 kWh/m2.

2. Calcula las horas pico solares durante un mes en una localidad donde durante el mismo se ha recibido una irradiación de 540 kJ/m^2.

3. Queremos saber el ángulo de elevación solar en una localidad situada a una latitud de 35 o, el día 30 de abril.

4. Haciendo uso de la carta solar de la figura correspondiente a Madrid, queremos saber la inclinación óptima de los paneles en una instalación fotovoltaica para los días de equinoccio de primavera y otoño.

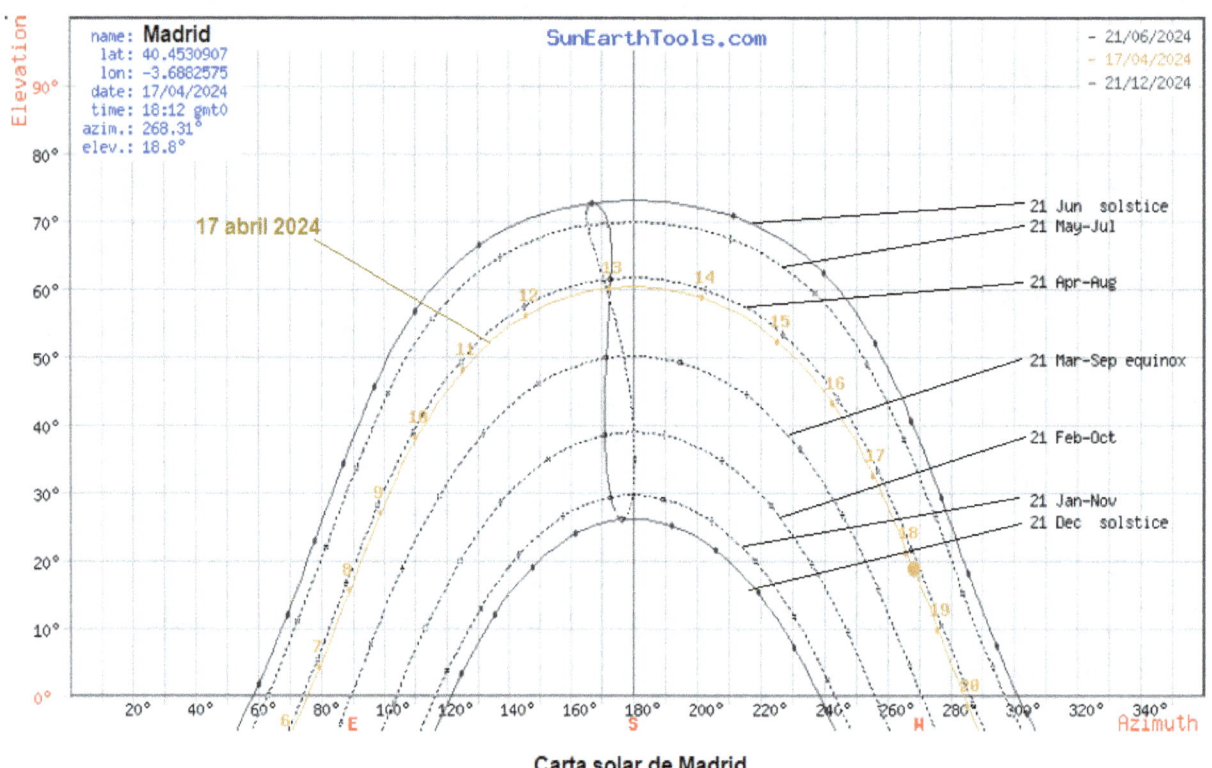

Carta solar de Madrid

5. Atendiendo al gráfico de la figura, queremos saber la irradiación solar en kWh recibida por un panel correspondiente a dicho gráfico durante un mes, sabiendo que la superficie del mismo es de 2 m^2, que su inclinación es de 50 ° y su orientación de -30 °.

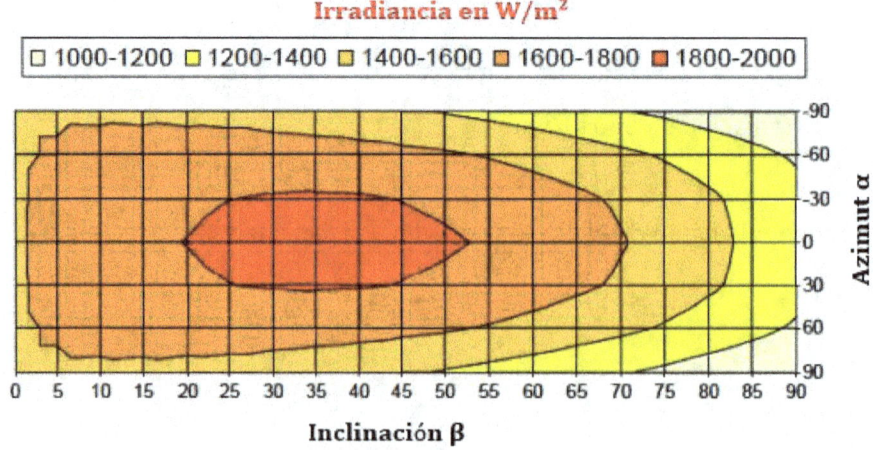

6. Se van a instalar panees fotovoltaicos en una localidad cuya latitud es de 37 °, con una inclinación es de 30 °. La altura de los paneles es de 2 metros y se quiere saber la distancia mínima entre ellos para evitar que se produzcan sombras entre ellos durante el año.

7. Queremos calcular la potencia pico de una instalación fotovoltaica para un cliente cuyo consumo mensual es de 85 kWh, sabiendo que va a llevar regulador e inversor y que la irradiación recibida durante el peor mes del año es de 105 kWh/m^2.

8. Disponemos de una instalación de alumbrado led compuesta por 50 lámparas de 10 vatios cada una, dedicada a alumbrar cada noche una nave, estimando el funcionamiento de 8 horas diarias. Queremos saber la capacidad necesaria de la batería a colocar si se alimenta mediante una instalación fotovoltaica que dispones de paneles y regulador, no llevando inversor al funcionar con corriente continua las lámparas. Deseamos que tenga una autonomía de 3 días y sabemos que el rendimiento del regulador es de un 72 %. La profundidad máxima de descarga de la batería es de un 75 % y su tensión nominal de 12 V.

9. Se desea saber la sección de los conductores de la línea monofásica que parte de un inversor hacia el cuadro general de CA en una instalación fotovoltaica. Se sabe que la línea tiene 12 m y que es de conductores unipolares de cobre aislados con polietileno reticulado instalados bajo tubo colocado sobre la pared. La potencia del inversor es de 3000 VA.

UNIDAD 3
MONTAJE DE LOS PANELES DE LAS INSTALACIONES DE ENERGÍA SOLAR FOTOVOLTAICA

3. MONTAJE DE LOS PANELES DE LAS INSTALACIONES DE ENERGÍA SOLAR FOTOVOLTAICA

3.1. Estructuras de sujeción de paneles

Las estructuras que se utilizan para la sujeción de los paneles solares fotovoltaicos son un elemento imprescindible para la instalación, pues permiten provechar el rendimiento al máximo mediante la inclinación y orientación óptimas de los módulos fotovoltaicos situados en ellas.

Tienen la misión de que el panel quede bien sujeto, teniendo la capacidad de soportar fuertes rachas de viento, y ofreciendo durabilidad para soportar las extremas condiciones de temperatura a que pueden quedar sometidas. Suelen ser en su mayoría de aluminio, aunque también se utiliza el acero galvanizado y el acero inoxidable. Hay otros casos en que se emplea el hormigón.

- Tipos de estructuras según la superficie

Dentro de las estructuras nos encontramos de varios tipos dependiendo de la superficie donde se vayan a instalar los paneles:

✓ Estructura para placas solares sobre cubierta metálica

Están diseñadas para instalar los módulos sobre una cubierta metálica que presenta cierta inclinación, quedando los módulos coplanares a la cubierta.

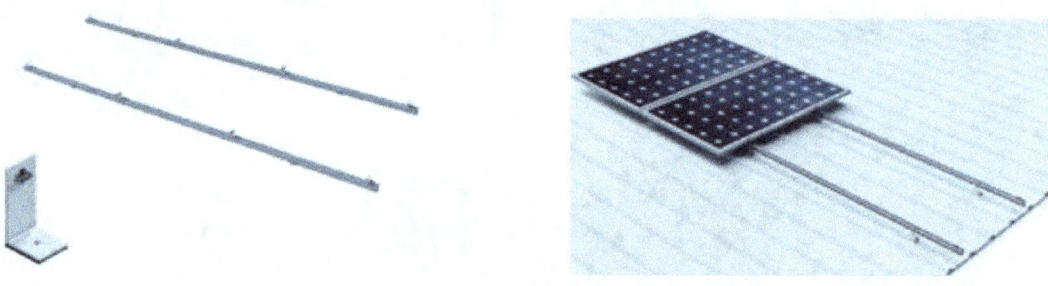

Estructura para cubierta metálica

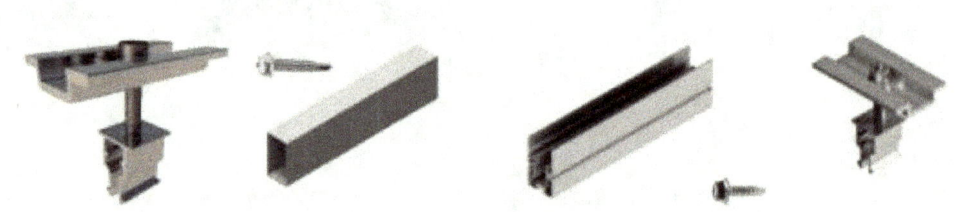

Kits de unión de estructuras

✓ Estructura para placas solares sobre cubierta de teja

Están diseñadas para poder dejar anclado el módulo a cualquier tipo de teja. El soporte es coplanar, pues debe ajustarse a la inclinación del tejado.

Para no tener que perforar la teja, la estructura se instala mediante un salvateja, quedando los perfiles por encima de la teja.

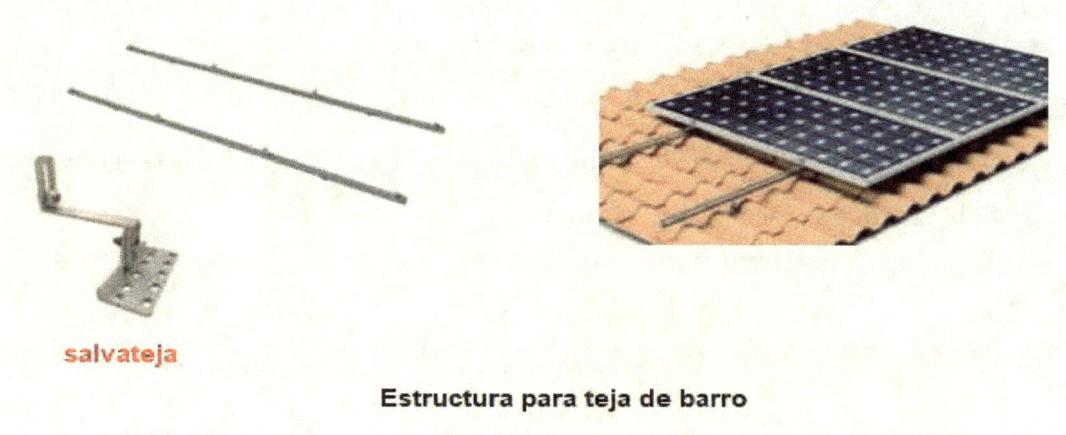

Estructura para teja de barro

✓ Estructura para placas solares elevadas

Son estructuras que permiten la instalación de los módulos a cierta altura (unos 3 metros), quedando orientados hacia el sur.

Permiten la instalación desde 1 hasta 12 módulos.

Estructura elevada para paneles

✓ Estructura para placas solares sobre el suelo

Están diseñadas para poder instalar los paneles sobre el suelo o una superficie plana.

Las hay para varios ángulos de inclinación (20 ° – 25 ° – 30 °).

Los soportes incluyen toda la tornillería para anclar sus elementos.

Estructuras para suelo

- ✓ Estructura para placas solares sobre la pared

Son estructuras que permiten la instalación de los módulos sobre cualquier superficie vertical y darles la inclinación óptima para que su rendimiento sea máximo.

Estructura sobre pared vertical

- Tipos de estructuras según su lugar de situación

Según el lugar donde se van a situar las estructuras, se clasifican en:

- ✓ Estructuras para paneles tipo B y H

Las estructuras quedan situadas en una columna, de forma que el módulo queda suspendido en la misma.

Estructura sobre colimna

✓ Estructuras para paneles tipo V

Son las estructuras situadas sobre el suelo o una superficie plana.

Dentro de estas, destacan las fabricadas de hormigón que permiten una gran estabilidad debido a su peso, si bien hay que tener en cuenta que la superficie donde se sitúen lo aguante.

Se fabrican con diferentes ángulos de inclinación (3 ° – 10 ° – 12 ° – 15 ° – 18 ° – 28 ° – 30 ° – 34 °).

 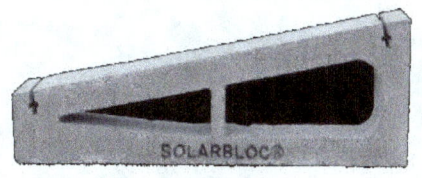 

Estructuras para superficie plana

✓ Estructuras para paneles tipo A

Son estructuras diseñadas para situar sobre ellas paneles de entre 280 y 325 W sobre el suelo.

- ✓ Estructuras para paneles tipo S

En este tipo de estructuras, el panel va a poyado sobre ella y presenta una determinada inclinación sobre el suelo.

3.2. Tipos de esfuerzos. Cálculo elemental de esfuerzos

Los esfuerzos más habituales a los que se ve sometida la estructura de un panel fotovoltaico son:

- El peso propio

Considerándose como tal el de la estructura más el del panel que soporta.

Al tratarse del peso de estructura y paneles, es un esfuerzo que se considera permanente, es decir, siempre es el mismo.

- El viento

Se puede considerar el esfuerzo principal y más desfavorable a que se pueden ver sometidos los paneles junto con su estructura, al generarse en ellos una presión en cada una de las superficies expuestas a la acción del viento.

Al ser el viento un fenómeno variable, el esfuerzo provocado por él también lo será.

- La nieve

El esfuerzo causado por el peso de la nieve también es un esfuerzo variable, y va a depender de la climatología del lugar y de las características de la estructura, siendo más fácil que se deposite cuando sea horizontal o de poca inclinación.

- Cálculo de esfuerzos

Vamos a ver de forma elemental la manera de determinar los esfuerzos causados por el viento y la nieve.

- ✓ Esfuerzos por el viento

Se puede calcular mediante la fórmula de la presión dinámica del viento:

$$p_v = 0,5 \cdot \delta_a \cdot v_v^{\,2}$$

Donde:

p_v es la presión del viento en N/m²

δ_a es la densidad del aire de valor aproximado 1,25 kg/m³

v_v es la velocidad del viento en m/s

En la figura podemos ver el mapa de España distribuido por zonas y los valores de velocidad del viento en cada una de ellas:

- Zona A: 26 m/s
- Zona B: 27 m/s
- Zona C: 29 m/s

Ejercicio resuelto:

Queremos saber la presión a causa del viento que deberán soportar los paneles y estructura de una instalación fotovoltaica situada en la localidad de Córdoba.

Mirando el mapa de velocidad de viento, observamos que está situada en la zona A, siendo por tanto la velocidad del viento:

$v_v = 26 \ m/s$

Ya podemos calcular la presión debida al viento en la instalación:

$\boldsymbol{p_v = 0{,}5 \cdot \delta_a \cdot v_v{}^2 = 0{,}5 \cdot 1{,}25 \cdot 26^2 = 422 \ N/m^2}$

✓ Esfuerzos por la nieve

Para localidades donde la altitud es inferior a 1000 m, se puede considerar el esfuerzo ocasionado por la nieve de un valor de 1 kN/m² cuando se trata de superficies planas.

La fórmula general para el cálculo del esfuerzo motivado por la nieve es:

$$\boldsymbol{p_n = \mu \cdot s_k}$$

Donde:

p_n es la presión de la nieve en kN/m²

μ es el coeficiente de forma de la cubierta

s_k es el valor de la carga de nieve en terreno horizontal en kN/m²

En la tabla de la figura se pueden observar los valores de s_k de las capitales de provincia de España:

Capital	Altitud m	s_k kN/m²	Capital	Altitud m	s_k kN/m²	Capital	Altitud m	s_k kN/m²
Albacete	690	0,6	Guadalajara	680	0,6	Pontevedra	0	0,3
Alicante / *Alacant*	0	0,2	Huelva	0	0,2	Salamanca	780	0,5
Almería	0	0,2	Huesca	470	0,7	SanSebastián/*Donostia*	0	0,3
Ávila	1.130	1,0	Jaén	570	0,4	Santander	0	0,3
Badajoz	180	0,2	León	820	1,2	Segovia	1.000	0,7
Barcelona	0	0,4	Lérida / *Lleida*	150	0,5	Sevilla	10	0,2
Bilbao / *Bilbo*	0	0,3	Logroño	380	0,6	Soria	1.090	0,9
Burgos	860	0,6	Lugo	470	0,7	Tarragona	0	0,4
Cáceres	440	0,4	Madrid	660	0,6	Tenerife	0	0,2
Cádiz	0	0,2	Málaga	0	0,2	Teruel	950	0,9
Castellón	0	0,2	Murcia	40	0,2	Toledo	550	0,5
Ciudad Real	640	0,6	Orense / *Ourense*	130	0,4	Valencia/*València*	0	0,2
Córdoba	100	0,2	Oviedo	230	0,5	Valladolid	690	0,4
Coruña / *A Coruña*	0	0,3	Palencia	740	0,4	Vitoria / *Gasteiz*	520	0,7
Cuenca	1.010	1,0	Palma de Mallorca	0	0,2	Zamora	650	0,4
Gerona / *Girona*	70	0,4	Palmas, Las	0	0,2	Zaragoza	210	0,5
Granada	690	0,5	Pamplona/*Iruña*	450	0,7	Ceuta y Melilla	0	0,2

Para otras localidades situadas a diferente altitud, según las zonas que se aprecian en el mapa, se aplican los valores de la tabla que sigue a dicho mapa de zonas de clima invernal:

Altitud (m)	Sobrecarga de nieve en un terreno horizontal (kN/m²)						
	Zona de clima invernal						
	1	2	3	4	5	6	7
0	0,3	0,4	0,2	0,2	0,2	0,2	0,2
200	0,5	0,5	0,2	0,2	0,3	0,2	0,2
400	0,6	0,6	0,2	0,3	0,4	0,2	0,2
500	0,7	0,7	0,3	0,4	0,4	0,3	0,2
600	0,9	0,9	0,3	0,5	0,5	0,4	0,2
700	1,0	1,0	0,4	0,6	0,6	0,5	0,2
800	1,2	1,1	0,5	0,8	0,7	0,7	0,2
900	1,4	1,3	0,6	1,0	0,8	0,9	0,2
1.000	1,7	1,5	0,7	1,2	0,9	1,2	0,2
1.200	2,3	2,0	1,1	1,9	1,3	2,0	0,2
1.400	3,2	2,6	1,7	3,0	1,8	3,3	0,2
1.600	4,3	3,5	2,6	4,6	2,5	5,5	0,2
1.800	-	4,6	4,0	-	-	9,3	0,2
2.200	-	8,0	-	-	-	-	-

El valor del coeficiente de forma μ se toma de valor:

1 para inclinaciones iguales o inferiores a 30 °

0 para inclinaciones iguales o mayores a 60 °

Para valores entre 30 ° y 60 ° se interpola entre 0 y 1

Ejercicio resuelto:

Queremos saber el valor de la sobrecarga por nieve en una instalación fotovoltaica situada en la localidad de Sagunto sabiendo que la inclinación de los paneles es de 30 °.

Al estar situada en la Comunidad Valenciana, pertenece a la zona invernal 5.

Miramos en la web la altitud de Sagunto para poder consultar la tabla, siendo esta de 49 m.

Sagunto / Elevación

49 m

Para esa altitud, mirando en la tabla vemos que está situada entre 0 y 200 m de la zona 6, por lo que tomamos como valor de sobrecarga $s_k = 0,2\ kN/m^2$

Al ser la inclinación de los paneles de 30 °, el coeficiente de forma μ tiene por valor 1.

Ahora calculamos la sobrecarga por nieve como:

$$\boldsymbol{p_n = \mu \cdot s_k = 1 \cdot 0,2 = 0,2\ kN/m^2}$$

Una vez realizados los cálculos de esfuerzos a que estará sometida la instalación, se elegirán tanto las estructura como los paneles, de forma que en su hoja de especificaciones los valores de esfuerzos que soportan sean superiores a los calculados aplicando un coeficiente de seguridad que puede ser entre 1,5 y 2,5.

3.3. Materiales. Soportes y anclajes

Se pueden utilizar varios materiales en la fabricación de las estructuras y su material accesorio:

- ✓ Aluminio

Tiene muy buenas propiedades para la fabricación de los soportes de los paneles.

Es un material muy ligero, con una densidad a temperatura ambiente de 2,7 gr/cm³.

Soporta muy bien las condiciones de intemperie como el viento y la nieve, evitando la corrosión.

Tiene una elevada vida útil, y no necesita apenas mantenimiento gracias a su estabilidad frente a factores adversos.

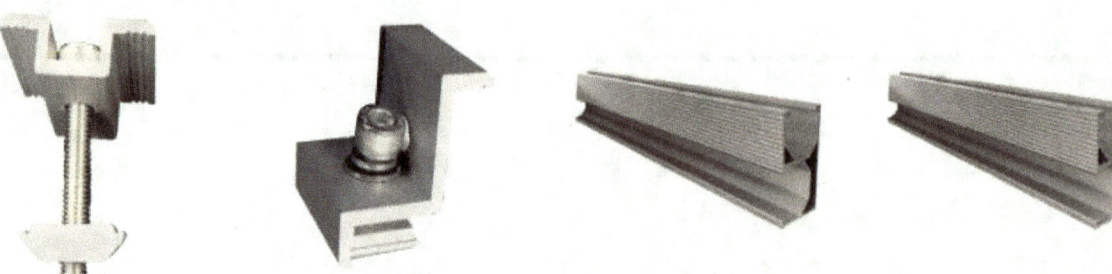

Elementos de aluminio para estruturas de paneles solares

✓ Acero galvanizado y acero inoxidable

Ambos materiales soportan muy bien las condiciones climáticas, proporcionando protección frente a ellos y dotando de fortaleza al soporte los paneles.

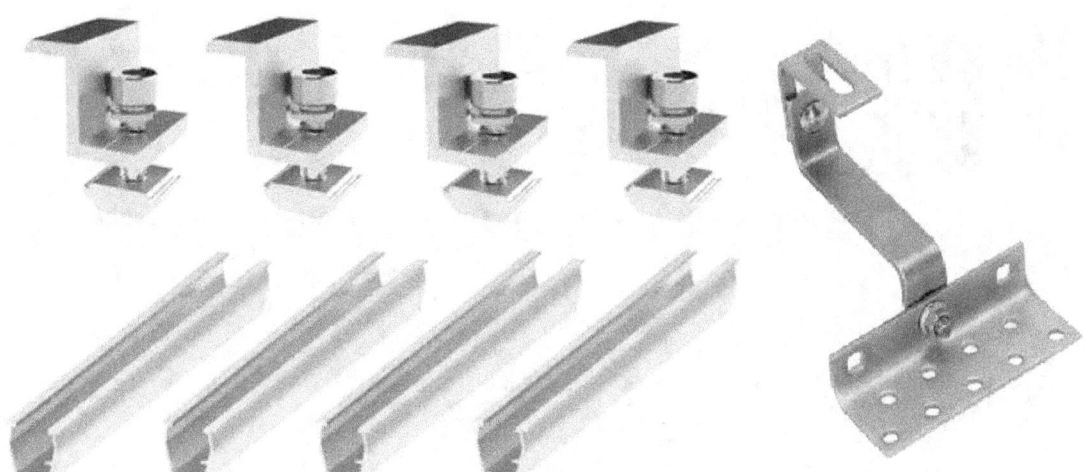

Elementos de acero inoxidable para estructuras de paneles solares

✓ Hormigón

Este material ofrece gran resistencia a las estructuras, y se emplea para superficies planas.

Es de fácil adquisición, y facilita mucho la instalación al no precisar del anclaje de las estructuras ni de cimentación.

Estructuras de hormigón para paneles solares

- Soportes y anclajes

Son numerosos los elementos de soporte y anclaje para el montaje de los paneles solares y sus estructuras, como pueden ser perfiles, chapas de unión, tornillería, arandelas, tuercas, etc…, dependiendo a veces del tipo y situación de los paneles.

Conjunto de soportes y anclajes para montaje de un panel sobre su estructura

- ✓ Anclaje sobre tejados

En estos casos el anclaje de la estructura se puede realizar bajo teja:

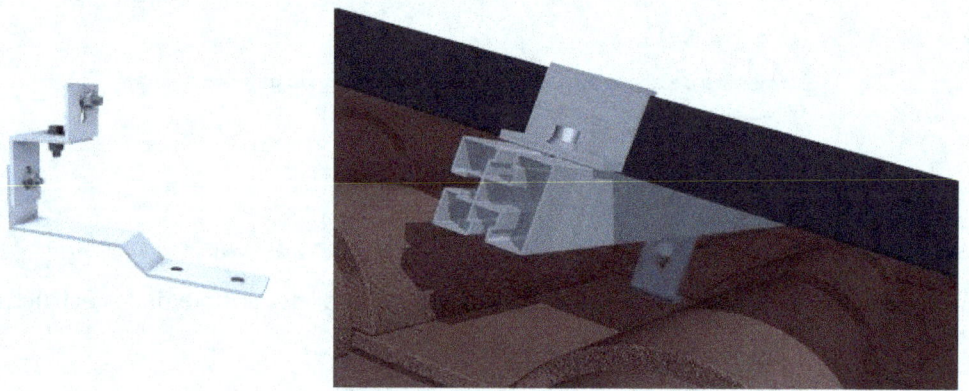

Instalación de anclaje bajo teja

Otras veces se hace con perforación de la teja:

Anclaje con perforación de teja

✓ Fijación del anclaje

A la hora de fijar el anclaje, se nos pueden presentar dos casos habituales:

– En soporte macizo

Normalmente tenemos una capa de mortero u hormigón de al menos 10 cm, y el anclaje se realiza mediante taco de acero o taco químico sin tamiz (el tamiz es un taco de nylon hueco que se inserta antes de colocar el taco).

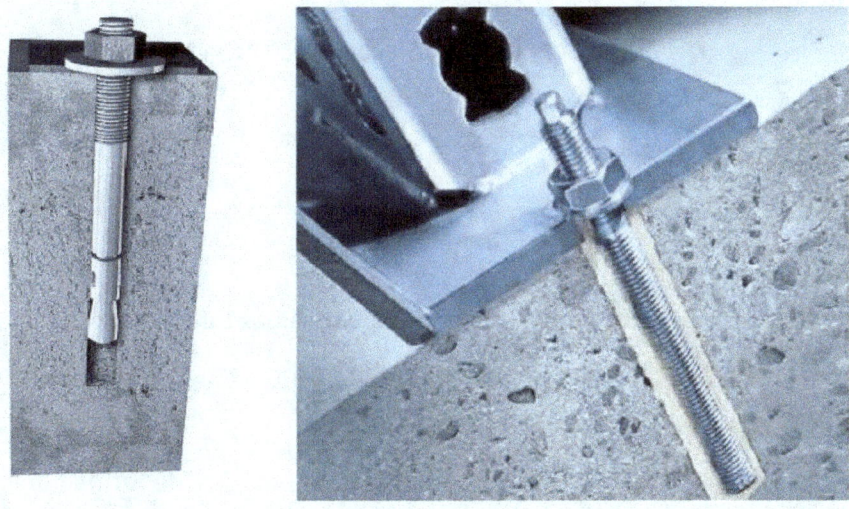

Anclaje con taco de acero (izquierda) y taco químico sin tamiz (derecha)

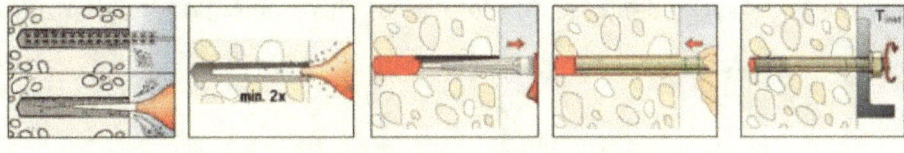

Detalle de fijación de taco químico sin tamiz

– En soporte hueco

En este caso, la cubierta de fijación está hecha de rasilla cerámica y una pequeña capa de cemento o mortero de nivelación, algo que se percibe al taladrar por ofrecer menor resistencia y zonas que presentan huecos, al contrario que cuando es hormigón o mortero macizo.

En estos casos, el taco metálico no nos garantiza una buena sujeción, por lo que se hace uso del taco químico con tamiz.

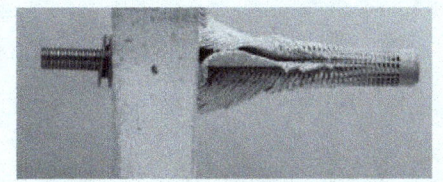

Anclaje con taco químico y tamiz

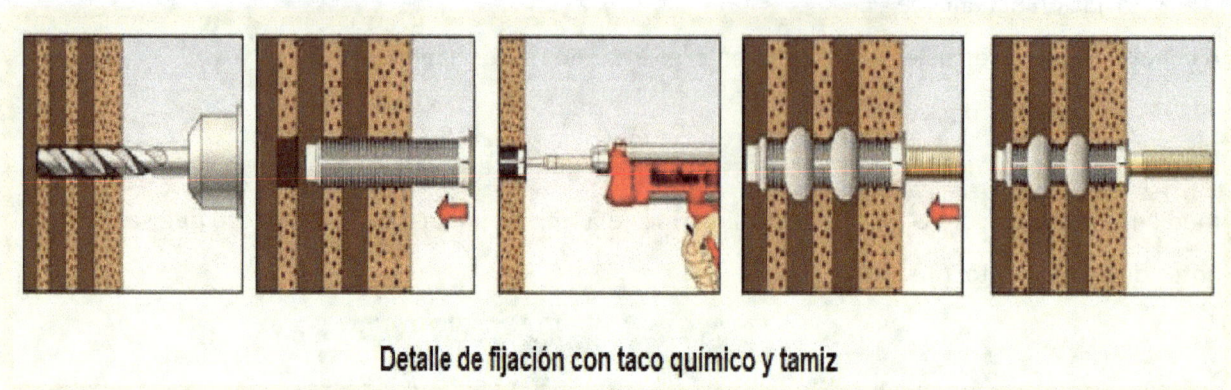

Detalle de fijación con taco químico y tamiz

3.4. Sistemas de seguimiento solar

Mediante los sistemas de seguimiento solar se orientan los sistemas fotovoltaicos de manera que estos aprovechan la radiación solar que incide sobre ellos mucho mejor, hasta un 40 % más que los sistemas cuya orientación es fija.

Consiste en montar los paneles sobre un mástil que dispone de dos ejes, de forma que puede variar tanto la inclinación como la orientación de los paneles. Así puede seguir el movimiento del sol en todo momento, permitiendo que su radiación llegue a los paneles perpendicular en todo momento.

También se puede realizar el seguimiento de uno solo de los ejes, pudiendo ser el horizontal para variar la inclinación, o el vertical para variar la orientación (azimut).

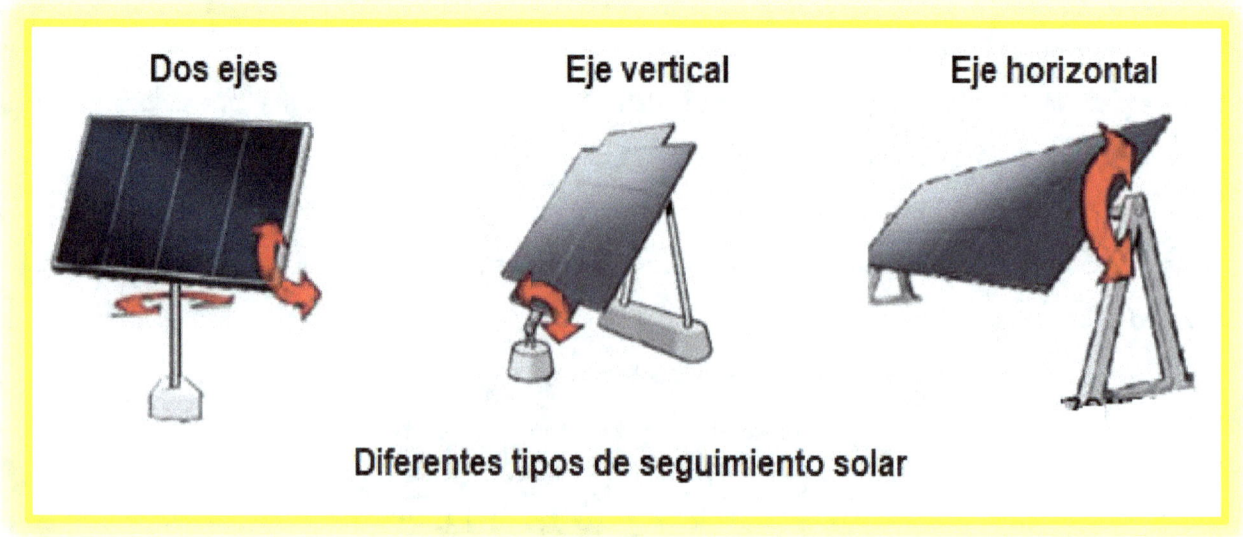

Diferentes tipos de seguimiento solar

En la figura se puede apreciar la diferencia de producción de energía entre un sistema fijo y uno con seguimiento solar para las diferentes zonas climáticas de España:

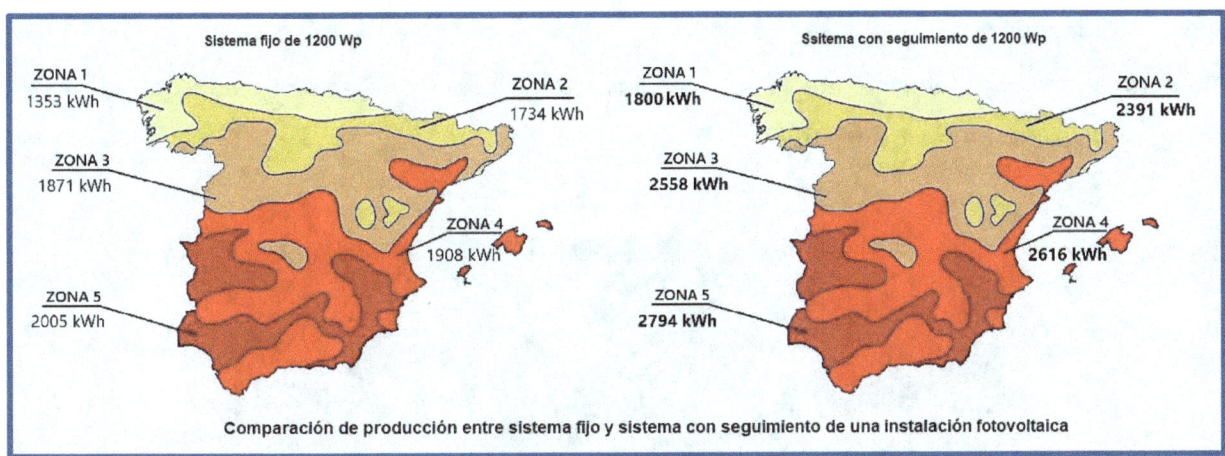

Igualmente podemos ver la comparación de las curvas de producción de un panel con y sin seguimiento solar:

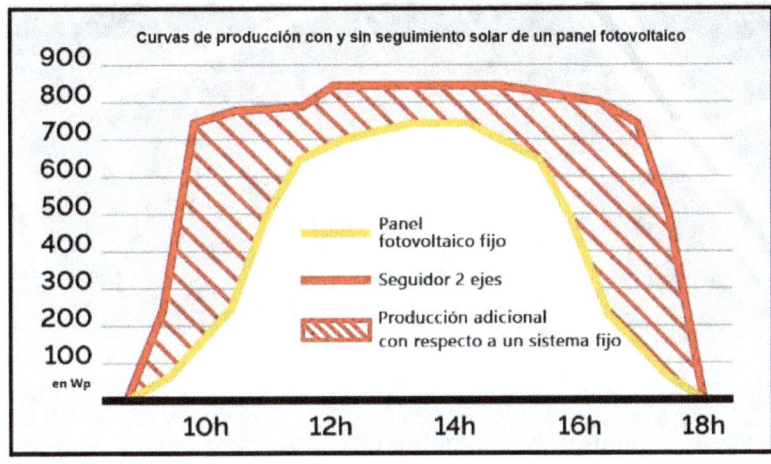

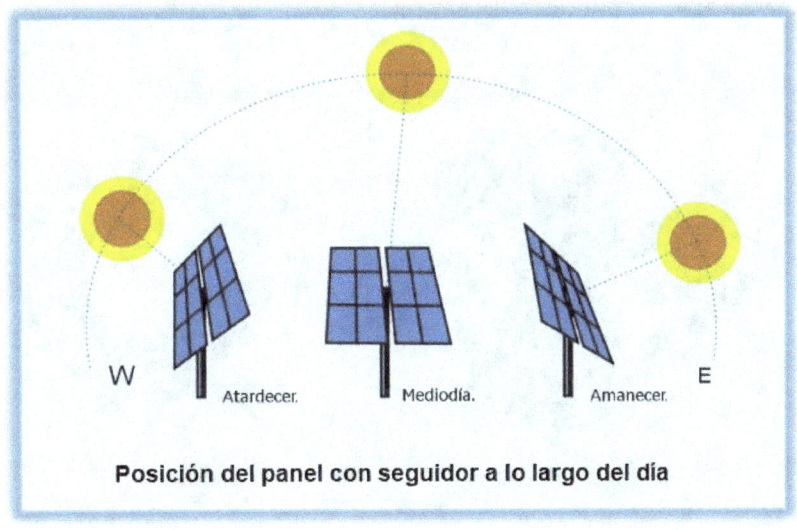

3.5. Motorización y sistema automático de seguimiento solar

- Motorización

Para llevar a cabo el seguimiento mediante el movimiento de los dos ejes, se utiliza un motor que es el encargado de realizar ese movimiento.

Panel con seguimiento solar motorizado

Podemos utilizar dos tipos de motores:

✓ Motor de corriente alterna

En este caso, sería necesario un variador de frecuencia para poder regular su velocidad además de un sistema auxiliar para alimentarlo en alterna.

✓ Motor de corriente continua

Este tipo de motor se puede alimentar directamente de la energía producida por los módulos, regulando la velocidad más fácilmente al ser continua la tensión.

Motor seguidor con engranaje de giro

- Sistema automático de seguimiento

Para controlar el giro del motor y realizar el seguimiento tenemos dos opciones:

- ✓ Con sensores foto receptores

Consiste en colocar unos receptores que varían la corriente eléctrica en función de la radiación solar que reciben. Mediante dos receptores podemos saber si la posición es óptima colocando una placa entre ellos, pues si el panel no está en la posición óptima, la placa hará sombra en uno de los receptores, quedando determinada la dirección en que debe girar el motor para alcanzar la posición óptima.

- ✓ Con inclinómetros

Mediante el uso de ecuaciones del movimiento solar se determina la posición del sol en cada momento del día y se la transmite al motor haciendo uso de inclinómetros que leen la posición del seguidor para poder definir dónde situarse. Suelen ir acompañados de finales de carrera que evitan que el motor vaya más allá de los límites permitidos.

Inclinómetros

En ambas opciones, mediante un controlador que puede ser un autómata programable (PLC) o incluso un Arduino, se envían ordenes al motor o al variador de frecuencia para situar el seguidor en la posición en que reciba la mayor cantidad de radiación solar.

3.6. Integración arquitectónica y urbanística

La integración arquitectónica de paneles solares en los edificios ha supuesto una revolución a la hora de diseñarlos, construirlos, y planear su funcionamiento.

Es una tecnología que nos permite integrar paneles en las edificaciones como si se tratasen de un material de construcción más, convirtiéndose en materiales multifunción ya que además de producir electricidad, proporcionan una envolvente aislante con iluminación natural y protegen de agentes externos.

La integración arquitectónica se basa en que la instalación de los paneles se realice manteniendo la estética del edificio y del contorno que lo rodea sin que parezca un elemento extraño al mismo.

Esta integración en los edificios de sistemas fotovoltaicos se conoce internacionalmente como BIPV (Building Integrated Photovoltaics), y nos permite sustituir los elementos constructivos tradicionales por elementos fotovoltaicos, tal y como se aprecia en la imagen inferior.

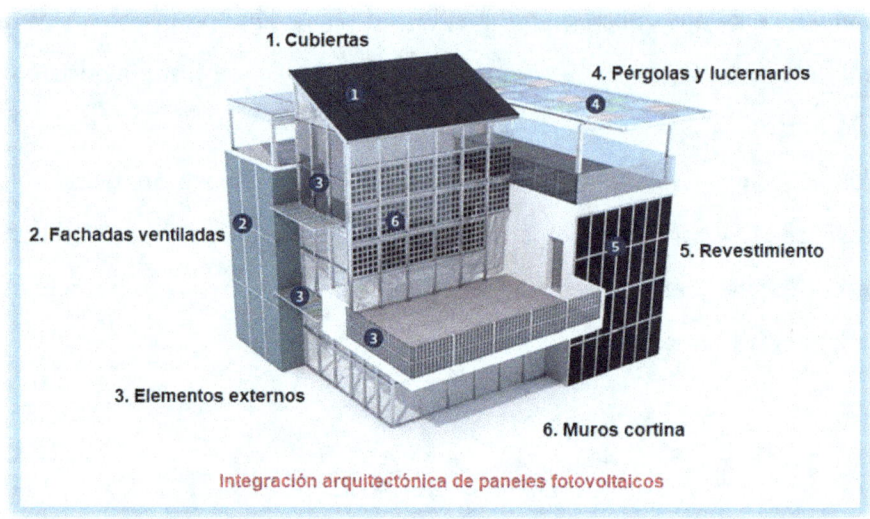

Integración arquitectónica de paneles fotovoltaicos

- Elementos de instalación

Son varios los lugares donde se pueden integrar como elemento constructivo los paneles fotovoltaicos:

✓ En fachadas

Los paneles se colocan como revestimiento exterior de la fachada o como acabado en fachadas ventiladas (fachadas con una cámara ventilada entre el revestimiento y el aislamiento, eliminando puentes térmicos y condensación).

También se pueden integrar los paneles en muros cortina (muro consistente en una envolvente externa ligera anclada a la estructura de un edificio).

Muros cortina de panales fotovoltaicos

- ✓ En cubiertas

Se pueden situar en cubiertas planas, o también inclinadas como pueden ser tejados.

En el caso de cubiertas inclinadas se pueden integrar siendo elementos pequeños como tejas, lo que se denomina tejado solar, aunque también se pueden integrar como elementos de mayores dimensiones a modo de acabado o protección de la cubierta.

Tejados solares

- ✓ En suelos

Este tipo de integración se realiza en el exterior de los edificios y el módulo tiene la forma de una baldosa convencional, siendo de elevada resistencia y antideslizante, pudiendo caminar sobre ella.

Baldosas para suelo fotovoltaico

Suelo fotovoltaico integrado

✓ En ventanas

En este caso, los módulos son transparentes y se denominan ventanas solares, con lo que no pierden la función de actuar como ventana, y permiten la luminosidad en el espacio interior. Consiste en sustituir materiales como el vidrio tradicional por vidrio fotovoltaico.

Al ser transparente, se puede pensar que no puede absorber energía del sol para convertirla en electricidad, pero hay radiaciones que no se ven del sol, como la infrarroja y la ultravioleta, que se aprovechan para producir electricidad.

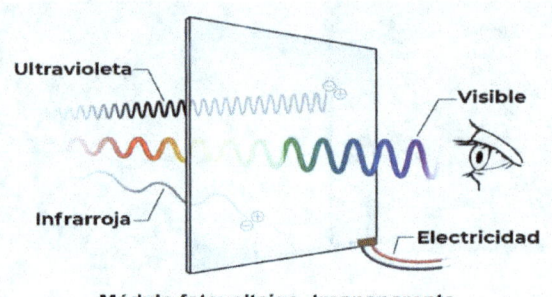

Módulo fotovoltaico traansparente

En otras ocasiones, se utilizan vidrios fotovoltaicos traslúcidos que pueden aprovechar mejor la energía solar.

Ventanas solares, traslúcida (derecha) y transparente (izquierda)

✓ En lucernarios

Los lucernarios se sitúan en las cubiertas para poder aprovechar mejor la luz natural, y también se pueden integrar en ellos módulos fotovoltaicos que son similares a los utilizados en las ventanas, es decir, haciendo uso de vidrio fotovoltaico, y también pueden tener diferentes niveles de transparencia.

Lucernario fotovoltaico

- ✓ En pérgolas

Las pérgolas suelen instalarse en terrazas y zonas transitables que se quieren proteger de la radiación solar directa, y su función es ideal para integrar en ellas elementos fotovoltaicos que protejan de la radiación solar y a la vez aprovechen esta para producir electricidad.

Se pueden encontrar también en mobiliario urbano, y cada vez más en aparcamientos aprovechando la energía producida.

Pérgolas fotovoltaicas

Mobiliario urbano fotovoltaico

- ✓ En elementos externos de los edificios

Como ejemplo de esta integración tenemos los voladizos situados para dar sombra a huecos en las fachadas de los edificios, como pueden ser puertas o ventanas.

También pueden integrarse en las barandillas de balcones o escaleras para evitar la entrada directa del sol.

Voladizos fotovoltaicos

Barandillas fotovoltaicas

3.7. Actividades

- Cuestiones

1. De qué materiales suelen ser las estructuras de montaje de los paneles fotovoltaicos.

2. Qué tipo de estructuras hay según la superficie donde se instalan.

3. En qué consisten las estructuras tipo B y H.

4. Qué son las estructuras tipo V.

5. Qué son las estructuras tipo A.

6. Qué son las estructuras tipo S.

7. Cuáles son los factores a tener en cuenta para determinar los esfuerzos sobre las estructuras de los paneles.

8. De qué factores depende la presión ejercida por el viento sobre la estructura y los paneles.

9. En qué zonas se divide España para determinar la velocidad del viento y cuál es esta en cada una de ellas.

10. De qué dos parámetros depende la presión ejercida por la nieve en los paneles montados sobre las estructuras, indicando como varían ambos.

11. Cómo se fijan los anclajes de las estructuras cuando se trata de soporte macizo.

12. Cómo se fijan los anclajes de las estructuras cuando se trata de soporte hueco.

13. En qué consisten los sistemas de seguimiento solar y qué tipos existen.

14. Qué tipo de motores se utilizan para el seguimiento solar.

15. De que dos maneras se puede hacer el seguimiento solar de forma automática.

16. En qué consiste la integración arquitectónica y urbanística.

17. Dónde se puede aplicar la integración arquitectónica y urbanística de sistemas fotovoltaicos.

- Ejercicios

1. Se va a realizar la instalación de paneles fotovoltaicos en la ciudad de Cáceres y queremos saber la presión de viento que deberán soportar sus estructuras, considerando como densidad del aire un valor de 1,25 kg/m³.

2. Se va a instalar una planta fotovoltaica en Las Palmas de Gran Canaria y se quiere calcular el esfuerzo de sobrecarga ocasionado por la nieve sobre los paneles, sabiendo que estos van a tener una inclinación de 25 °.

Capital	Altitud m	s_k kN/m²	Capital	Altitud m	s_k kN/m²	Capital	Altitud m	s_k kN/m²
Albacete	690	0,6	Guadalajara	680	0,6	Pontevedra	0	0,3
Alicante / Alacant	0	0,2	Huelva	0	0,2	Salamanca	780	0,5
Almería	0	0,2	Huesca	470	0,7	SanSebastián/Donostia	0	0,3
Ávila	1.130	1,0	Jaén	570	0,4	Santander	0	0,3
Badajoz	180	0,2	León	820	1,2	Segovia	1.000	0,7
Barcelona	0	0,4	Lérida / Lleida	150	0,5	Sevilla	10	0,2
Bilbao / Bilbo	0	0,3	Logroño	380	0,6	Soria	1.090	0,9
Burgos	860	0,6	Lugo	470	0,7	Tarragona	0	0,4
Cáceres	440	0,4	Madrid	660	0,6	Tenerife	0	0,2
Cádiz	0	0,2	Málaga	0	0,2	Teruel	950	0,9
Castellón	0	0,2	Murcia	40	0,2	Toledo	550	0,5
Ciudad Real	640	0,6	Orense / Ourense	130	0,4	Valencia/València	0	0,2
Córdoba	100	0,2	Oviedo	230	0,5	Valladolid	690	0,4
Coruña / A Coruña	0	0,3	Palencia	740	0,4	Vitoria / Gasteiz	520	0,7
Cuenca	1.010	1,0	Palma de Mallorca	0	0,2	Zamora	650	0,4
Gerona / Girona	70	0,4	Palmas, Las	0	0,2	Zaragoza	210	0,5
Granada	690	0,5	Pamplona/Iruña	450	0,7	Ceuta y Melilla	0	0,2

UNIDAD 4
MONTAJE DE LAS INSTALACIONES DE ENERGÍA SOLAR FOTOVOLTAICA

4. MONTAJE DE LAS INSTALACIONES DE ENERGÍA SOLAR FOTOVOLTAICA

4.1. Características de la ubicación de los acumuladores

A la hora de colocar las baterías o acumuladores, hay que distinguir entre los diferentes tipos de baterías, aunque como norma general para todas ellas podemos indicar lo siguiente:

- Se debe elegir un espacio, en caso de una vivienda, que proporcione unas condiciones de seguridad, ya que si están en condiciones desfavorables pueden provocar un riesgo de incendio.
- Se recomienda instalarlas en lugares que sean cerrados y bien ventilados.
- Cuando se trate de baterías tipo rack (montadas sobre racks o bastidores), deberán ir en armarios cubiertos especiales para este tipo de montaje.

- Ventilación

La ventilación de las baterías tiene que ser adecuada y debe evitarse situarlas a la intemperie.
El lugar de ubicación deberá tener una temperatura dentro del rango que marque el fabricante, para lo cual, el armario o cuarto deberá estar debidamente ventilado, ya sea con ventiladores o aire acondicionado, pudiendo ser ventilación natural si ello es factible.
Cuando la capacidad de la batería sea superior a los 500 Ah conviene instalar un sistema de aire acondicionado externo que permita mantener la temperatura del recinto o armario entre 20°C y 25°C.

Ventilación de baterías

4.2. Conexión de baterías

Las baterías se pueden conectar de tres maneras diferentes:

- Serie

Conectando el positivo de una con el negativo de la siguiente, consiguiendo así una tensión mayor que es la suma de las tensiones de cada batería.

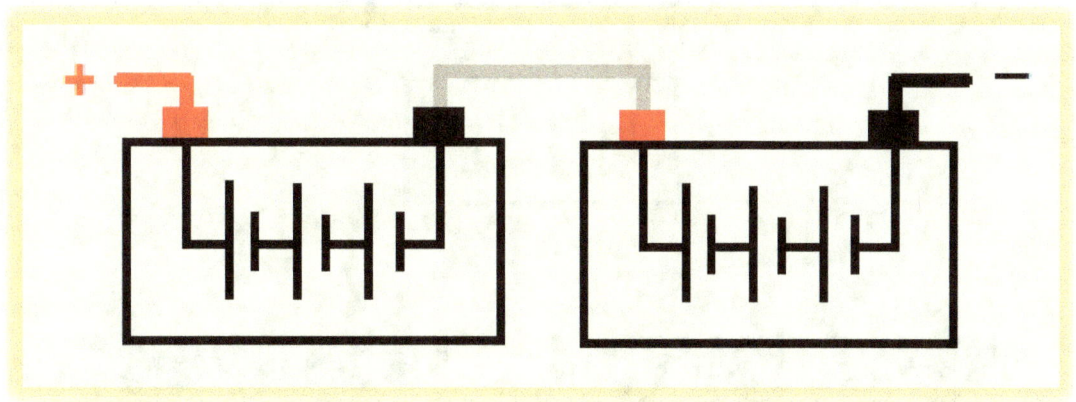

$$U_T = U_1 + U_2 \qquad C_T = C_1 = C_2$$

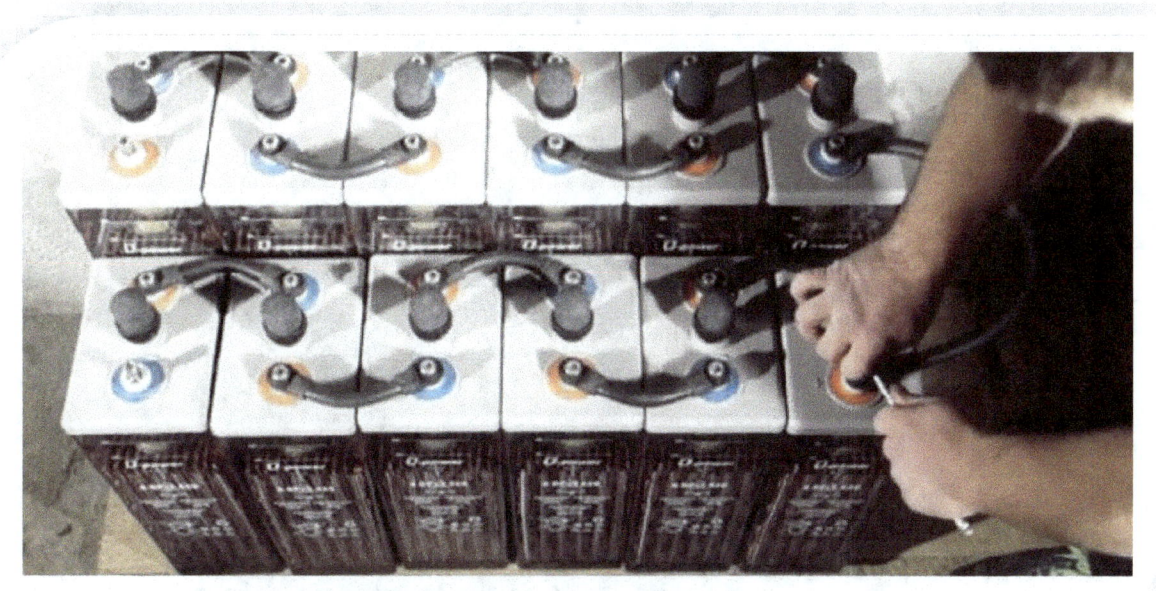

Conexión serie vasos de 2 V

- Paralelo

Conectando todos los bornes positivos a un punto y todos los bornes negativos a otro, aumentando la capacidad total que será la suma de todas las baterías conectadas en paralelo.

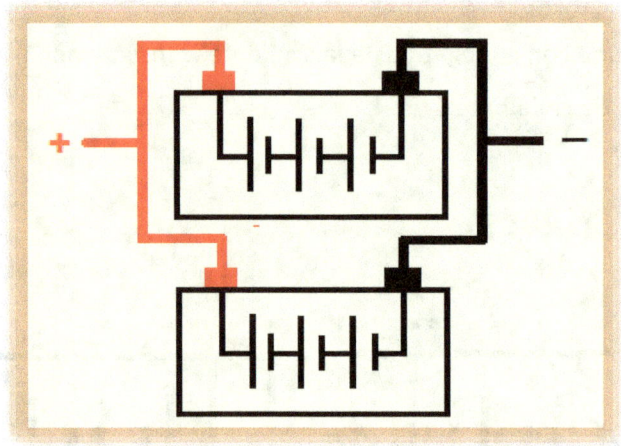

$$U_T = U_1 = U_2 \qquad C_T = C_1 + C_2$$

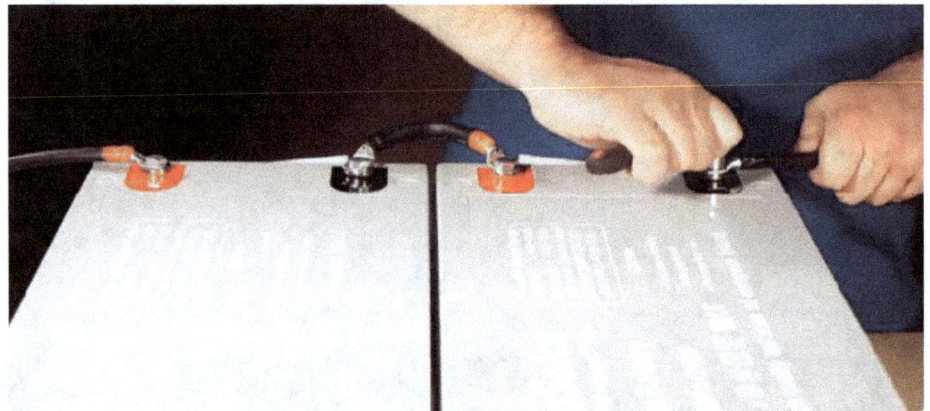

Conexión serie monoblock

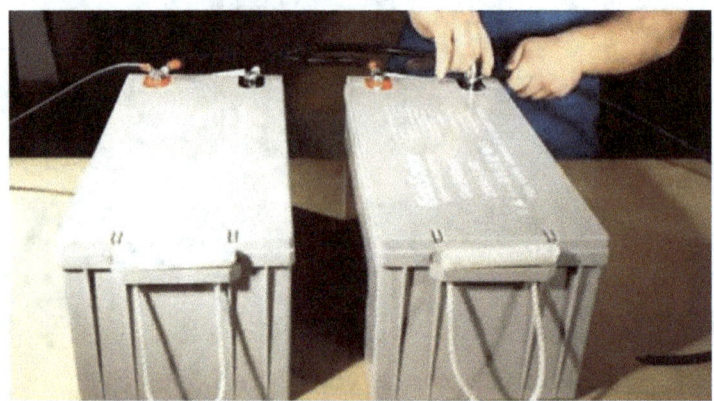

Conexión paralelo monoblock

Para realizar la conexión, habrá que tener en cuenta el par de apriete de las tuercas que viene especificado en la hoja de características técnicas que facilite el fabricante.

– Mixta

Combinando conexiones serie y paralelo, consiguiendo de este modo aumentar tensión y capacidad del conjunto.

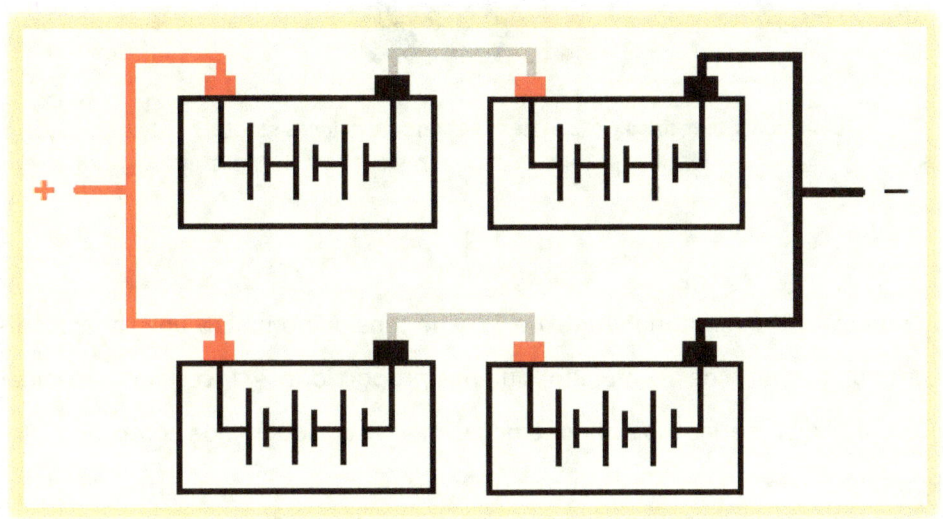

$$U_T = 2 \cdot U_i \qquad C_T = 2 \cdot C_i$$

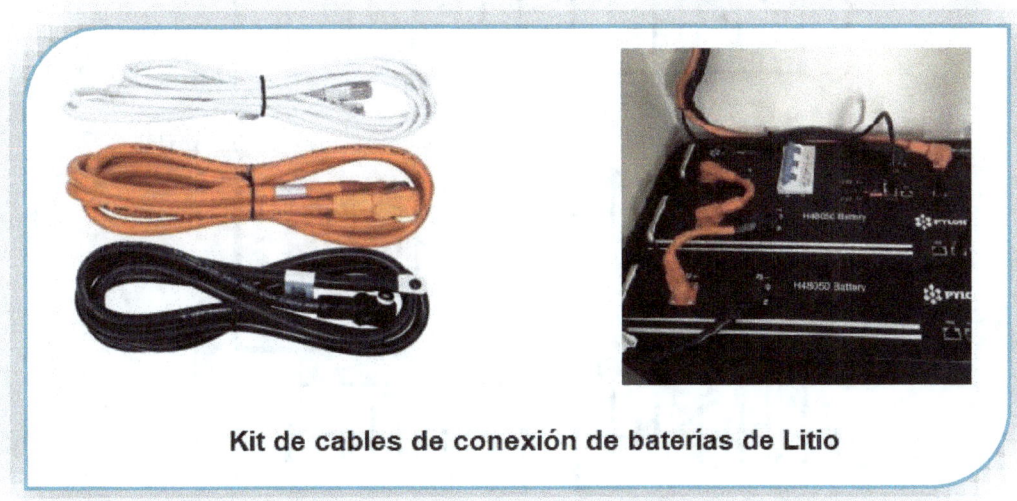

Kit de cables de conexión de baterías de Litio

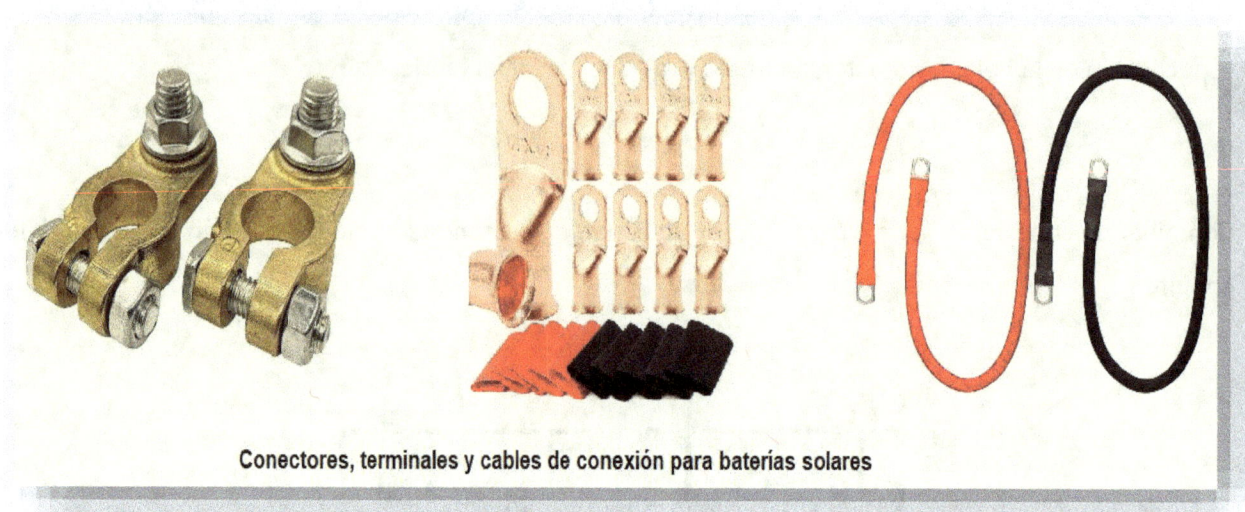

Conectores, terminales y cables de conexión para baterías solares

Ejercicio resuelto:

Disponemos de una batería solar monobloque de 12 V de tensión nominal y una capacidad de 250 Ah.

Queremos obtener un conjunto de acumulador que nos proporcione 24 V con una capacidad de 750 Ah.

Determinar la cantidad de baterías monobloque necesarias y su esquema de conexión.

Para conseguir la tensión de 24 V necesitamos colocar dos monobloques en serie.

Para conseguir la capacidad de 750 Ah habrá que colocar tres ramas (de dos monobloques en serie cada una) conectadas en paralelo.

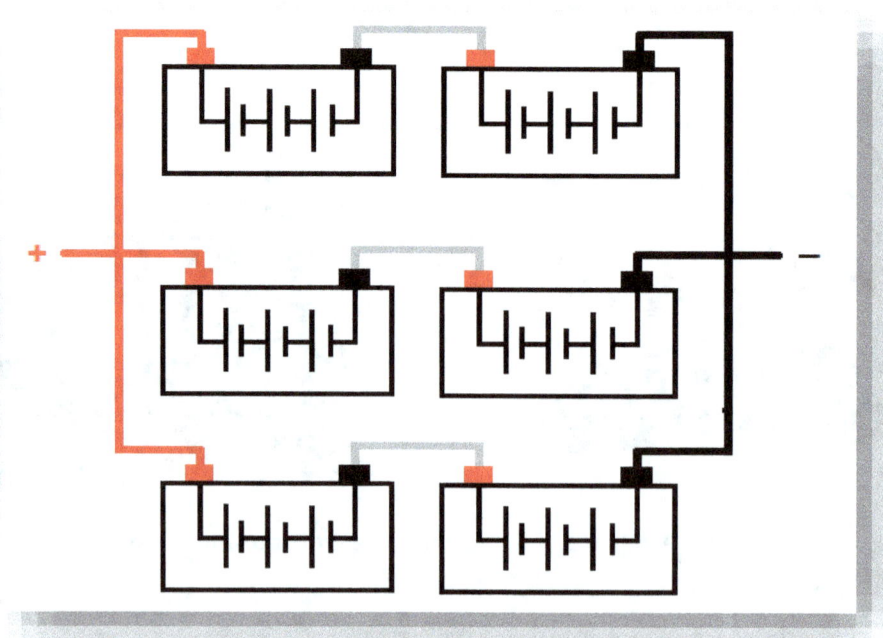

4.3. Ubicación y fijación de equipos y elementos

Vamos a ver cómo deben de situarse los diferentes elementos y equipos que forman parte de una instalación fotovoltaica:

- Regulador
  - Ubicación

El regulador debe ir situado en un espacio cerrado que tenga una buena ventilación y evacuación de aire.

Debe mantenerse a su alrededor un amplio espacio libre, teniendo que guardar una distancia entre la pared y el regulador que permita tanto la disipación de calor como la conexión de los cables.

Instalarlo sobre una pared de material no combustible y que no haya materiales inflamables cerca de él, ya que durante el funcionamiento se produce un aumento de su temperatura.

Evitar la exposición directa al sol, que esté en un entorno húmedo, y que carezca de polvo o suciedad.

No situarlo encima de la batería ni en un lugar cerrado junto a ella, ya que esta puede liberar gases explosivos.

  - Fijación

El regulador normalmente viene acompañado de los materiales necesarios para instalarlo.

En primer lugar, se debe marcar en la pared de acuerdo con los orificios que trae el regulador para fijarle a la misma.

Posteriormente, con un taladro se realizan los orificios en la pared para a continuación insertar los tacos de plástico.

Por último, se fija con los tornillos el regulador verticalmente con los terminales de conexión hacia abajo.

- Inversor
  - Ubicación

Se debe situar a una altura superior a las baterías, pero nunca encima de ellas para evitar que le lleguen los vapores que estas puedan desprender y provocar un incendio o explosión.

Se ubicará en lugares frescos fuera de la luz del sol y manteniendo una temperatura en su interior que no supere los 25°C.

El espacio tendrá que tener una renovación de aire para evitar la concentración de los gases emitidos por las baterías.

- Fijación

El inversor normalmente viene acompañado de los materiales necesarios para instalarlo.

A veces se suministra con una base para su instalación en la pared, y si no es así, se fijará mediante tornillería:

En primer lugar, se debe marcar en la pared de acuerdo con los orificios que trae el regulador para fijarle a la misma.

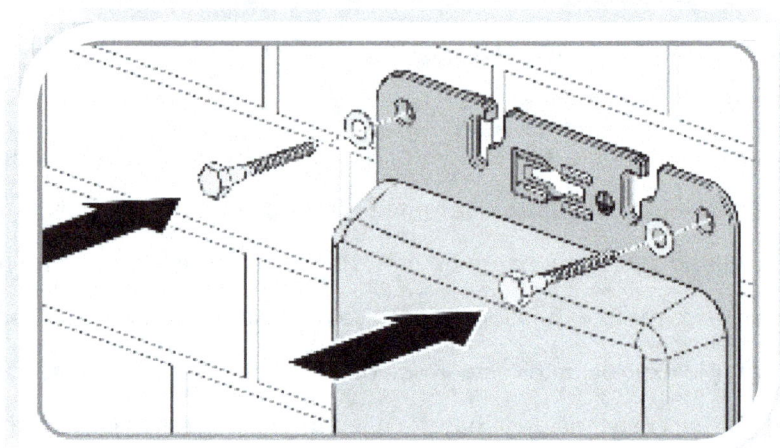

Posteriormente, con un taladro se realizan los orificios en la pared para a continuación insertar los tacos de plástico.

Por último, se fija con los tornillos el inversor verticalmente con los terminales de conexión hacia abajo.

- Cuadro de protección de corriente continua

Dispondrá al menos de fusibles para proteger de cortocircuitos y sobretensiones la parte de instalación que proviene de los paneles.

- Ubicación

Irá situado en el mismo recinto donde se encuentran el regulador y/o el inversor, y antes de ellos.

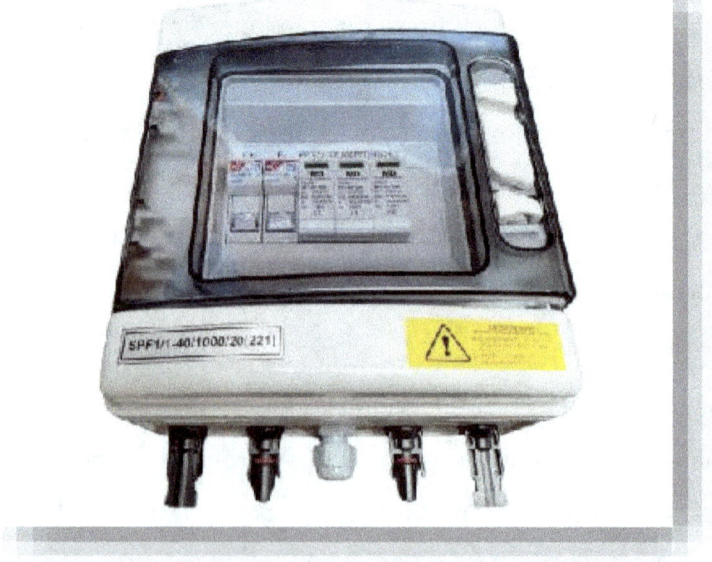

- Fijación

Irá fijado sobre la pared de forma similar a como se ha hecho con regulador e inversor.

- Cuadro de protección de corriente alterna

Llevará las protecciones correspondientes a las cargas de corriente alterna de la instalación.

– Ubicación

Puede aprovecharse el existente si se trata de una instalación en una vivienda ya construida, y a él llegará la línea procedente del inversor.

En caso de ubicarse un cuadro que no es el de la vivienda, podrá colocarse en el mismo recinto donde están el regulador, inversor y cuadro de corriente continua.

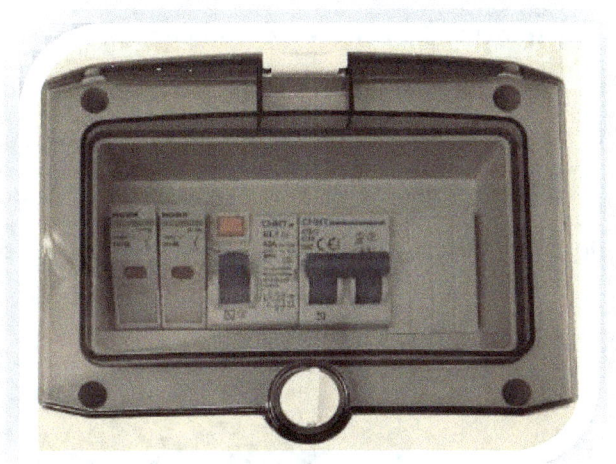

– Fijación

Irá fijado sobre la pared de forma similar a como se ha hecho con regulador e inversor.

A continuación, podemos ver en la imagen un local donde están instaladas baterías, regulador, inversor y cuadro de protección:

4.4. Conexión

La conexión entre los diferentes elementos de una instalación fotovoltaica se realiza mediante conductores y terminales que pueden variar dependiendo de la zona y los equipos que se vayan a conectar entre sí.

– Conexión entre paneles

Las conexiones entre paneles se realizan haciendo uso de conectores que permiten que la unión sea hermética, de manera que pueda soportar las inclemencias meteorológicas, y evitando que pueda penetrar cualquier elemento o humedad en la misma.

Lo más habitual es que los extremos de los conductores lleven conectores MC4 que pueden ser macho o hembra para poder efectuar la conexión de unos y otros.

En la figura siguiente, se aprecian dos conjuntos que permiten la conexión en paralelo de dos paneles, la de cable rojo para los terminales positivos y la de cable negro para los terminales negativos.

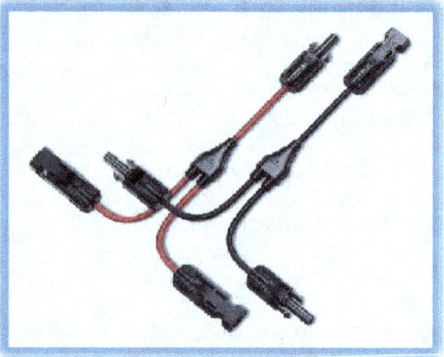

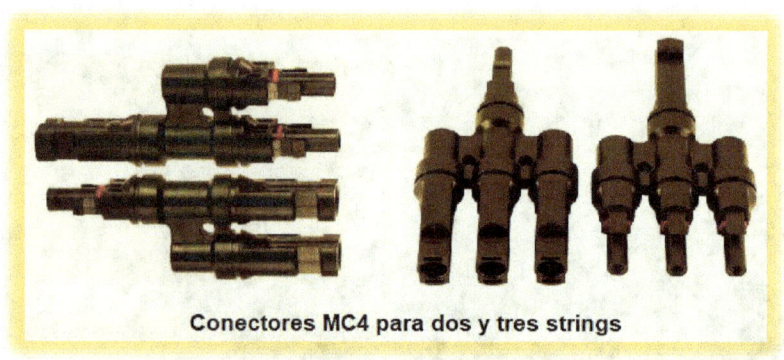
Conectores MC4 para dos y tres strings

Conexión de módulos fotovoltaicos

- Conexión del regulador y el inversor

A la hora de realizar la conexión del regulador, se debe tener en cuenta el orden de conexión a los diferentes elementos:

- Primero se conecta al regulador a la batería teniendo en cuenta el conectar primero los terminales del regulador, y a continuación los de la batería.
- Después se conectan los paneles al regulador ya que, si se hace antes de conectar la batería, esta última se puede ver afectada por tensiones inestables. Se debe tener en cuenta que los paneles deben estar cubiertos antes de conectarlos, y solo se deben descubrir una vez que ya están conectados, evitando de esta manera que puedan generar tensiones en vacío y los riesgos de accidente que puede suponer ello.

Para realizar las conexiones es conveniente utilizar terminales que aseguren un buen contacto con los bornes de conexión, si bien a veces se conecta el cable directamente mediante apriete con el tornillo o un elemento de presión.

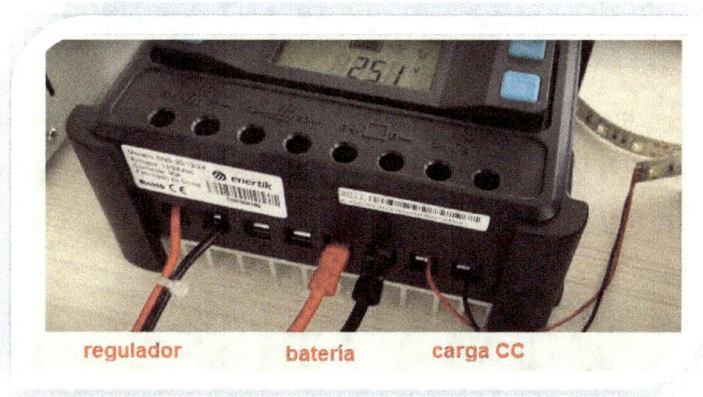

La conexión del inversor es similar a la del regulador, teniendo en cuenta que a él llegan los cables del regulador-batería, y que a veces llega incorporado el cargador de baterías.

El procedimiento de conexión del inversor debe ser como sigue:

- Primero se conecta el inversor a los paneles teniendo en cuenta el conectar primero los terminales del inversor y luego los paneles.
- A continuación, se conecta la batería, primero los terminales del inversor y luego los de la batería.
- Por último, se conecta la salida de corriente alterna del inversor.

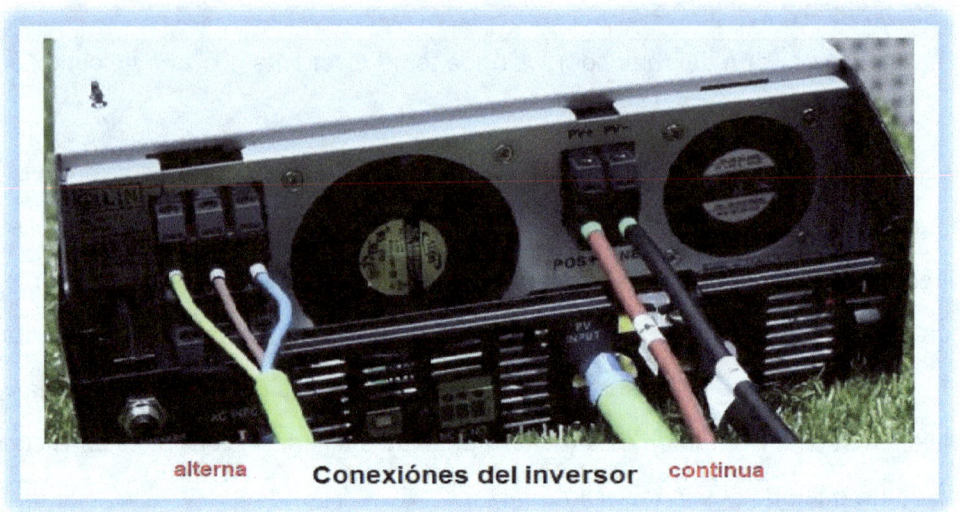
alterna Conexiónes del inversor continua

– Conexión de strings

Como ya sabemos un string es un conjunto de paneles conectados en serie que, a su vez, se conecta en paralelo con otros strings.

Cada string (positivo y negativo) va a para a un cuadro, con el resto de strings, en el que se encuentra la protección de sobretensiones de cada string junto con la salida al inversor.

Hay que reseñar que cada string lleva incorporado un diodo antirretorno que impide que la corriente pueda dirigirse hacia los paneles y que va situado a la salida del terminal positivo del string.

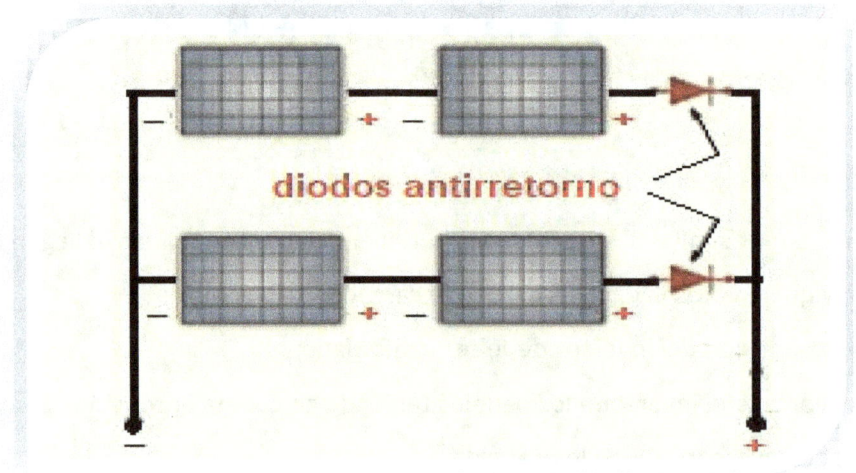

En las siguientes figuras se puede ver un cuadro de protección al que llegan las correspondientes entradas y salidas de los seis strings de una instalación fotovoltaica junto con el esquema y detalle de sus elementos:

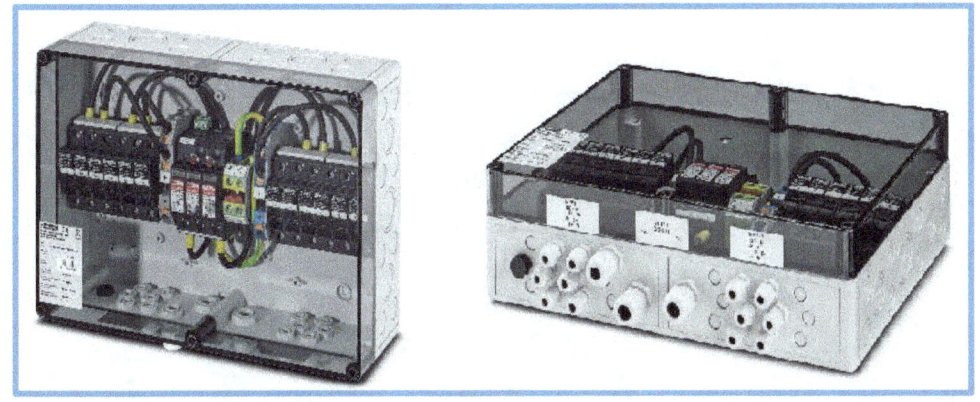

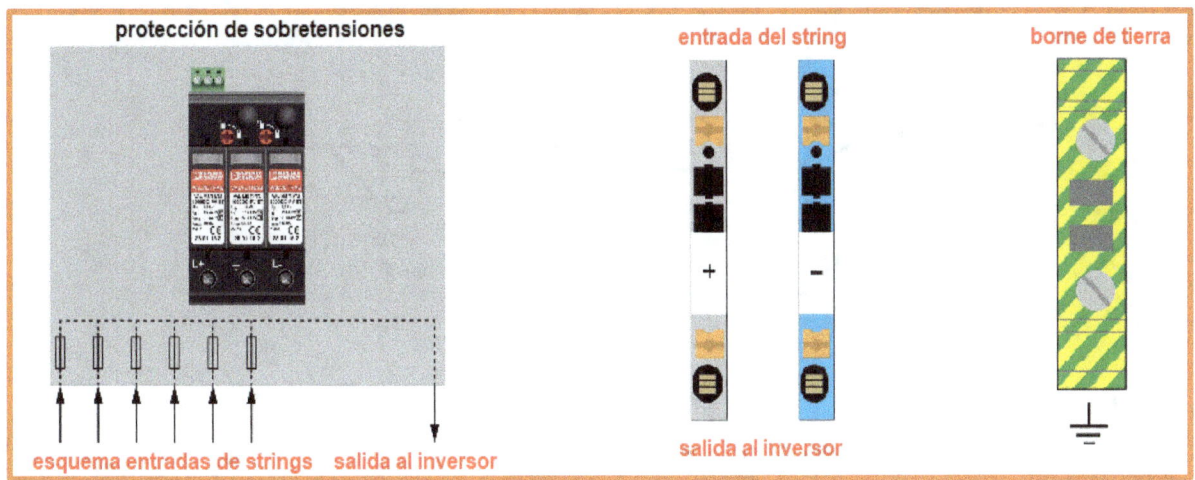

Las conexiones se realizan mediante terminales que se conectan a bornas de presión o con tornillería.

4.5. Esquemas y simbología

– Simbología

Son muchos los símbolos utilizados dependiendo de la norma a la que se ajusten, por tanto, vamos a indicar aquí algunos de los que se emplean habitualmente, tanto para equipos como para elementos de protección.

✓ Equipos

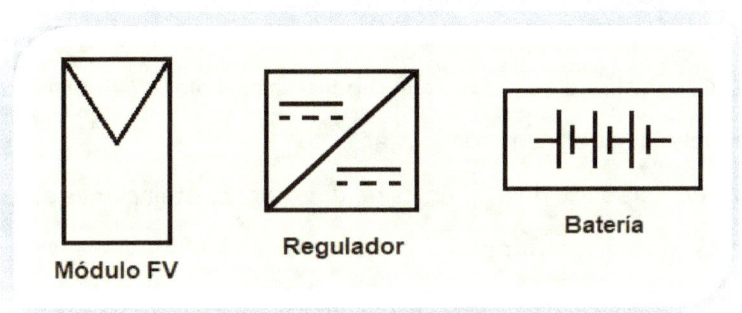

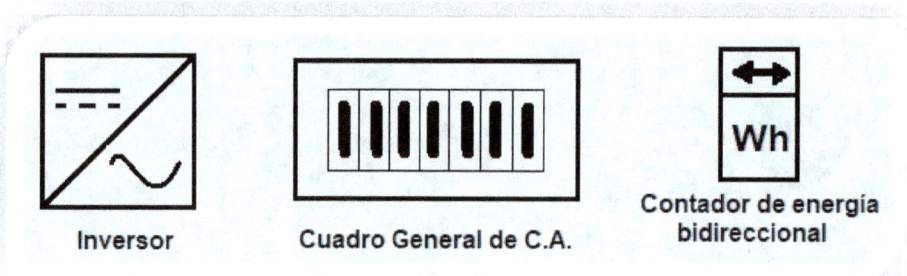

- ✓ Elementos de protección

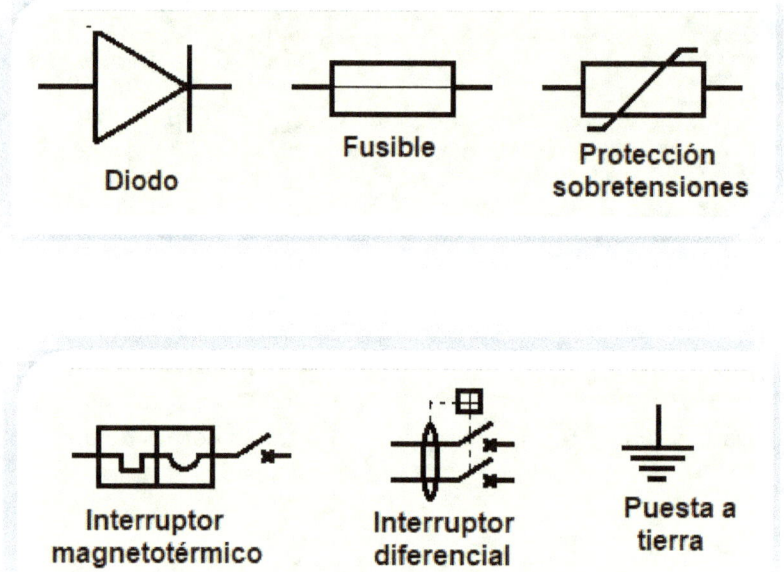

- Esquemas

Al igual que ocurre con la simbología, nos podemos encontrar con varios tipos de esquemas como los unifilares, multifilares, etc...

También puede variar la manera de representar los elementos y equipos en cada uno de los tipos de esquemas, siendo a veces con símbolos y otras con dibujos más reales que permiten reconocer de una manera más sencilla aquello que quieren representar.

Vamos a ver a continuación una serie de esquemas de diferentes instalaciones empleando símbolos y dibujos variados que podemos encontrarnos:

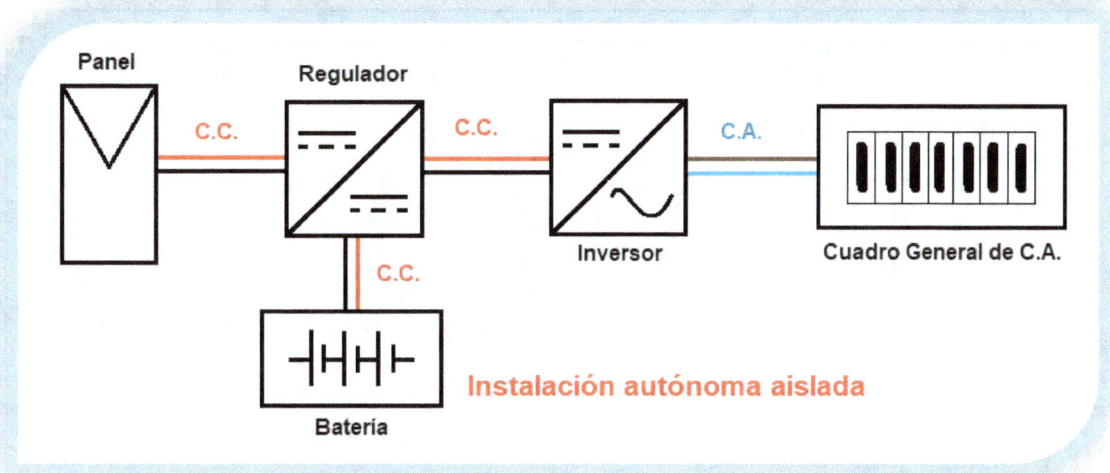

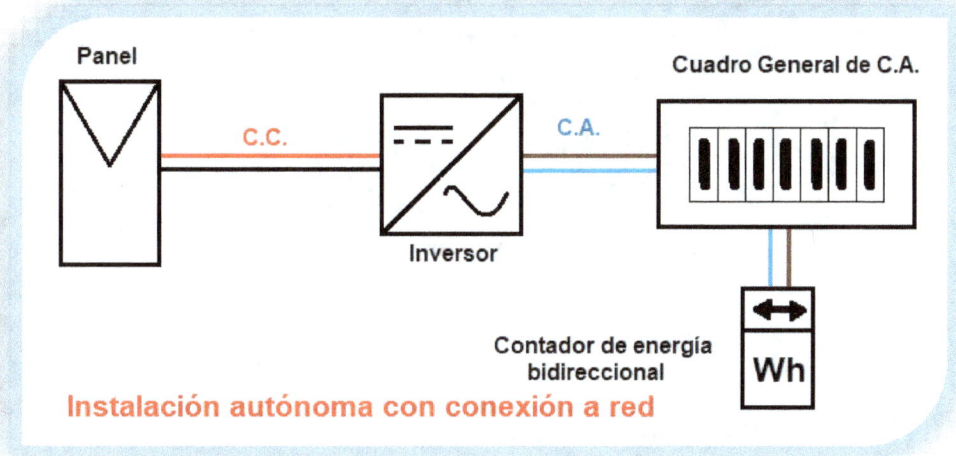

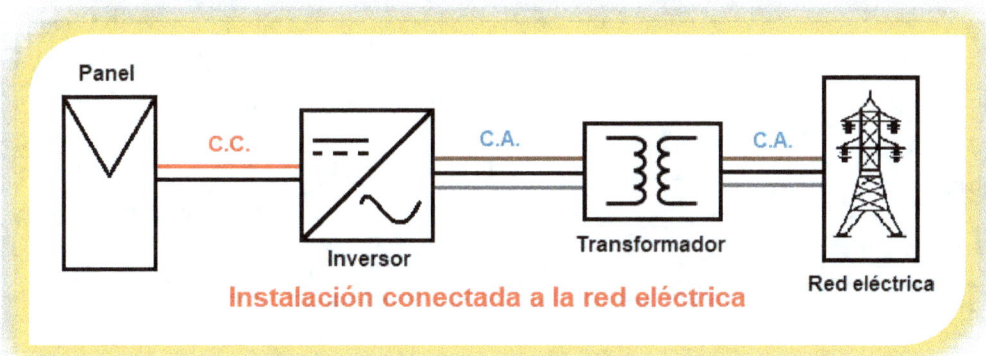

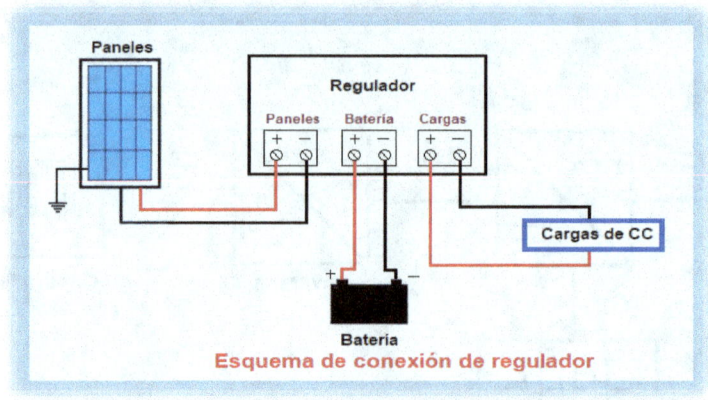
Esquema de conexión de regulador

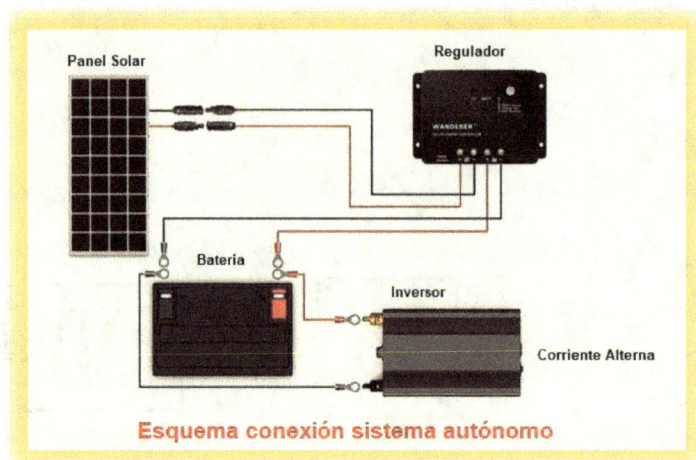
Esquema conexión sistema autónomo

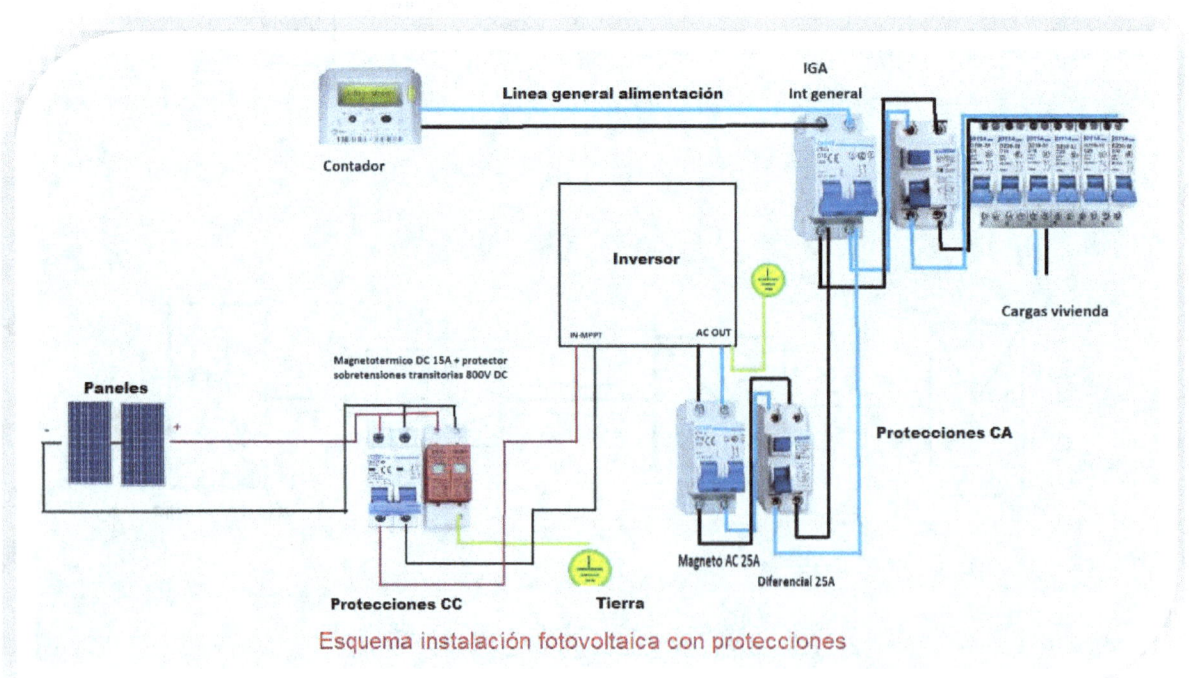
Esquema instalación fotovoltaica con protecciones

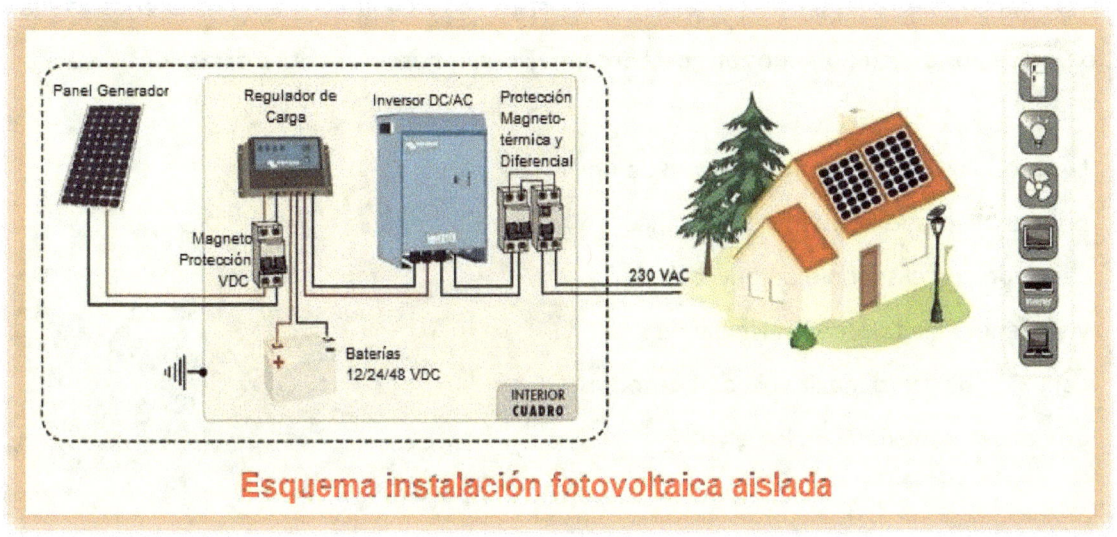

Esquema instalación fotovoltaica aislada

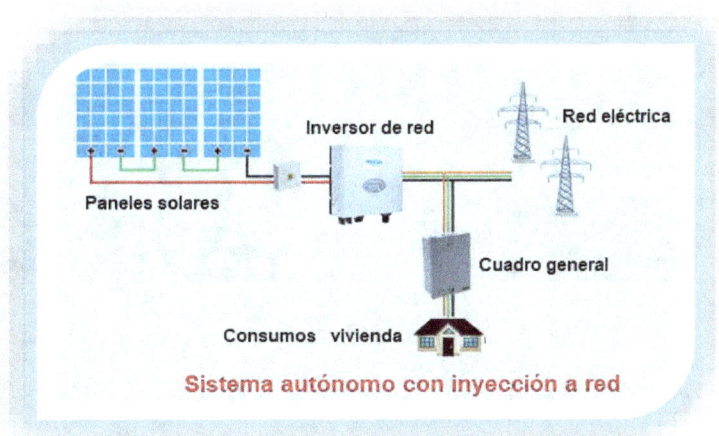

Sistema autónomo con inyección a red

4.6. Conexión a tierra

La conexión a tierra de una instalación fotovoltaica no está recogida de forma específica en ninguna normativa concreta y como tal, hay que remitirse a lo que indica el Reglamento en ese aspecto.
Son varias las partes de la instalación susceptibles de conectar a tierra por tratarse de elementos metálicos:

- Marcos de los paneles
- Estructuras de sujeción de los módulos
- Cajas metálicas de paso o conexión
- Canalizaciones metálicas
- Chasis del inversor y/o regulador

A la hora de poner a tierra las partes metálicas de un sistema fotovoltaico para protegerlas ya sea de contactos indirectos o de fenómenos atmosféricos, hay que tener en cuenta ciertas consideraciones:

– Los módulos fotovoltaicos disponen de un orificio taladrado en su marco metálico señalado con el símbolo de puesta a tierra y se tiene que utilizar un terminal de conexión de acero inoxidable que permita una buena conexión con la tierra.

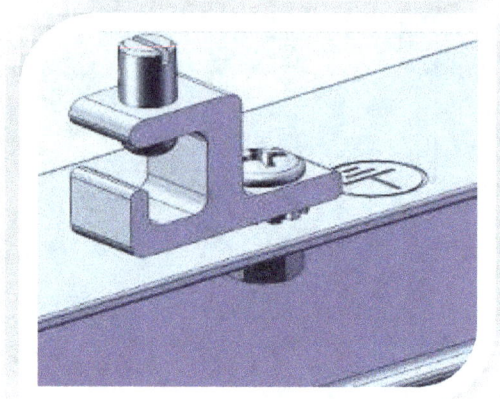

Detalle de puesta a tierra del marco del panel

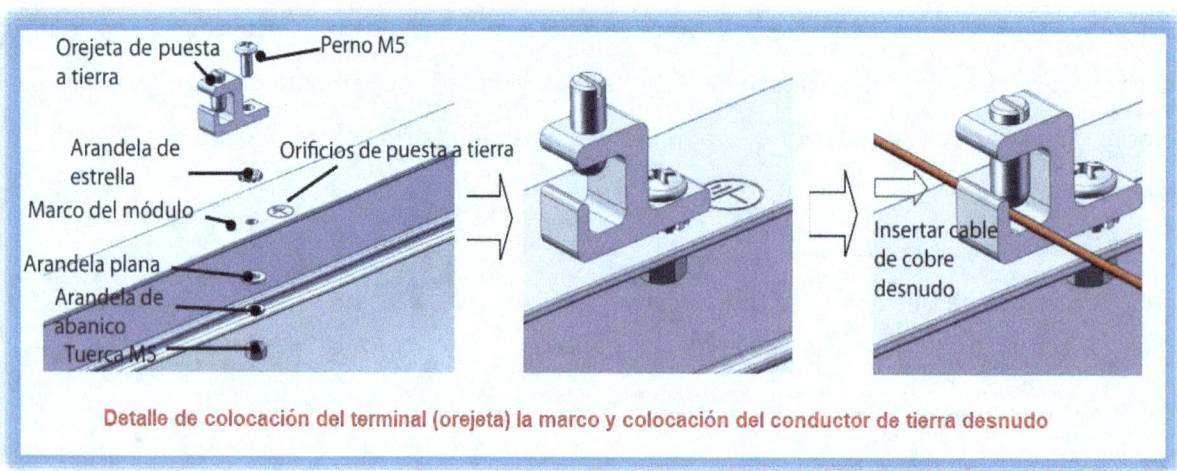

Detalle de colocación del terminal (orejeta) la marco y colocación del conductor de tierra desnudo

- Los módulos fotovoltaicos se pueden conectar mediante conductor de tierra amarillo-verde entre sí, y a su vez conectados a la estructura.

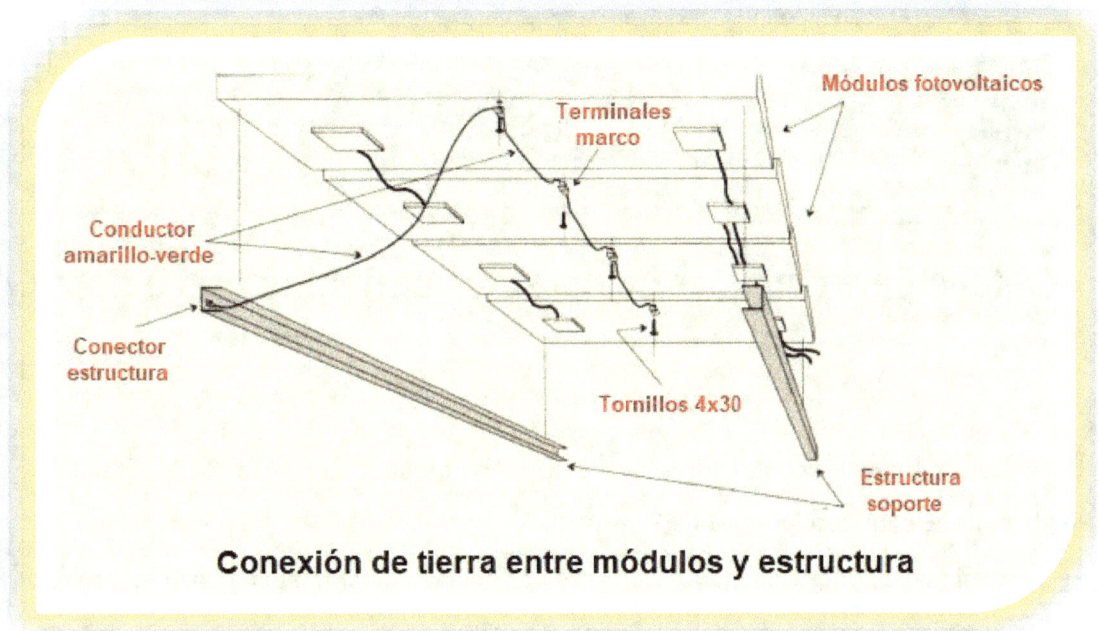

Conexión de tierra entre módulos y estructura

- La base de la estructura se puede utilizar para situar el punto de puesta a tierra y de ella sacar la línea de enlace con el electrodo de tierra con conductor desnudo de 35 mm².

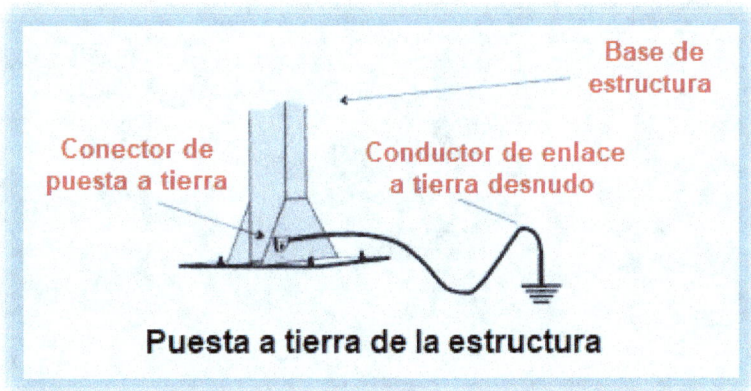

Puesta a tierra de la estructura

- Las partes metálicas de las cajas de conexión que pueda haber en los módulos, irán conectadas a la estructura o al marco de los módulos mediante cable de tierra amarillo-verde.
- Las carcasas de regulador y/o inversor llevan su borne de puesta a tierra, y se deben conectar a la línea de tierra que enlace con la misma puesta a tierra que la de la parte de los paneles, de manera que exista una conexión equipotencial entre todas las masas del sistema y se evite que circule corriente por los conductores de protección (amarillo-verde).

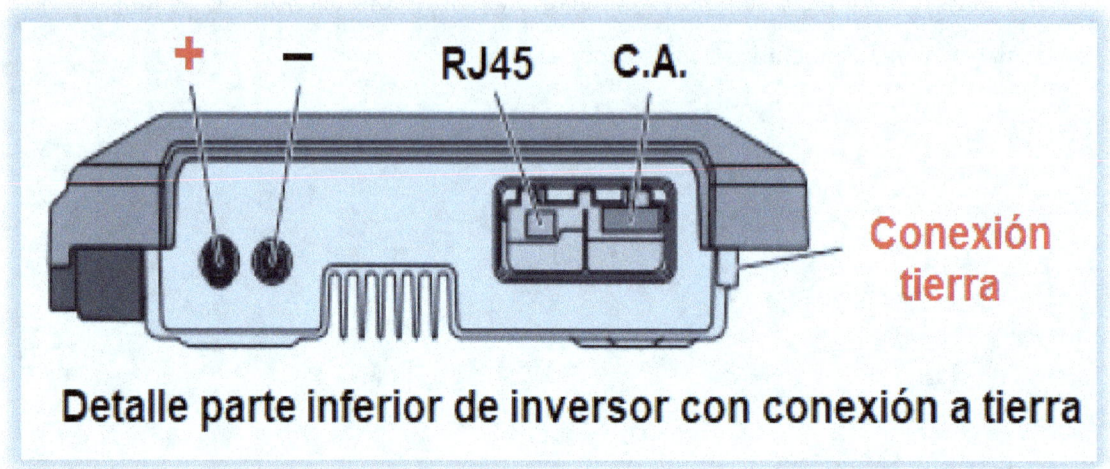

Detalle parte inferior de inversor con conexión a tierra

- La sección de todos los conductores de la instalación de tierra cumplirá con lo establecido en el Reglamento Electrotécnico de Baja Tensión.
- Es habitual que algunos reguladores e inversores lleven conectado el negativo al borne de tierra, con lo que dicho negativo queda igualmente conectado a tierra.

Accesorios de conexión a tierra

Para terminar, podemos ver en la siguiente figura el esquema correspondiente al sistema de captación de rayos de un sistema fotovoltaico y su conexión a tierra, más habitual en grandes parques solares situados en zonas donde se producen con frecuencia tormentas con aparato eléctrico.

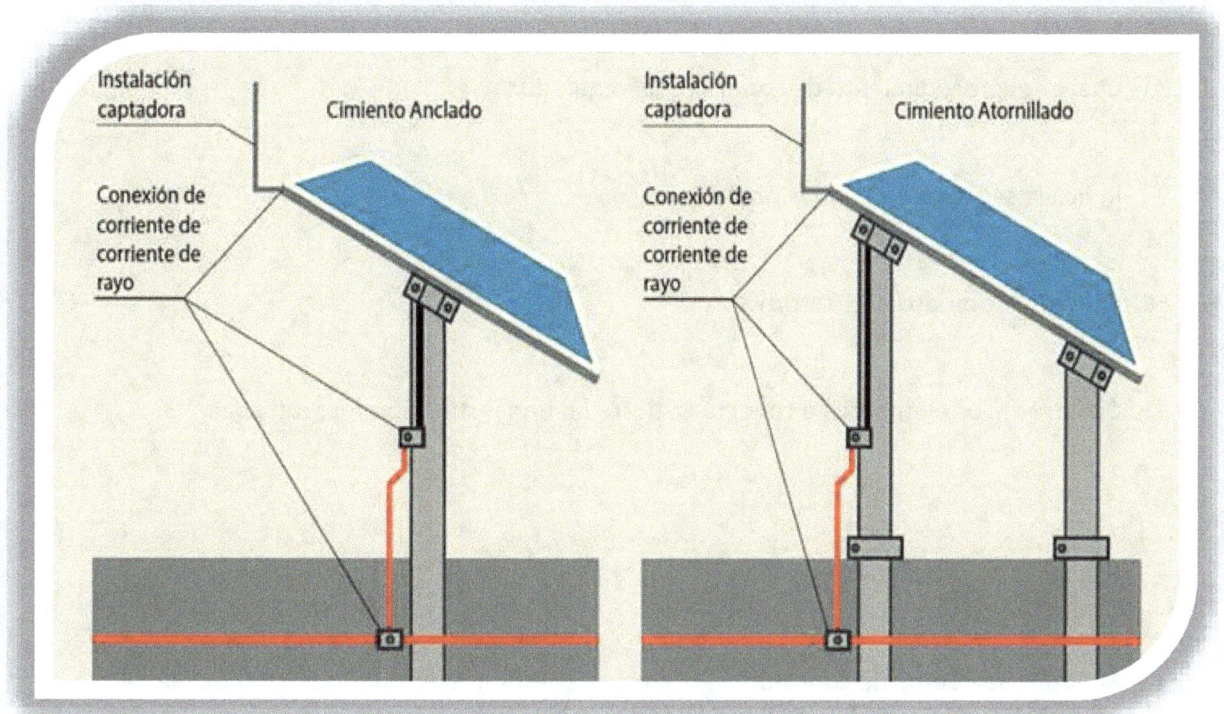

4.7. Actividades

- Cuestiones

1. Indica tres cosas como norma general a tener en cuenta en la ubicación de las baterías.

2. En qué condiciones se debe instalar aire acondicionado externo para las baterías.

3. De qué tres formas se pueden conectar las baterías y qué se consigue con cada una de ellas.

4. Indica dónde debe ir situado el regulador.

5. Indica dónde debe ir situado el inversor.

6. Qué elementos mínimos debe contener el cuadro de protección de corriente continua.

7. Indica lo que es un conector MC4.

8. Cuál es el procedimiento de conexión del regulador.

9. Indica la secuencia de conexión del inversor.

10. Qué son los diodos antirretorno.

11. Cuáles son los elementos a conectar a tierra en una instalación fotovoltaica.

- Ejercicios

1. Realiza el esquema de conexión de dos baterías en serie utilizando su simbología.

2. Realiza el esquema de conexión de dos baterías en paralelo utilizando su simbología.

3. Realiza un esquema de conexión mixta de cuatro baterías con dos ramas en serie.

4. Queremos determinar el número de baterías y su forma de conexión para conseguir un conjunto que nos proporcione 500 Ah y una tensión de 48 V, si disponemos de baterías cuyas características son 12 V y 250 Ah.

5. Realiza, con sus símbolos, el esquema de dos strings en paralelo con tres módulos en cada string, incluyendo su diodo antirretorno.

6. Indica el nombre de cada uno de los símbolos de las figuras.

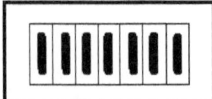 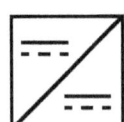    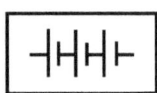

7. Indica el nombre de cada uno de los símbolos de las figuras.

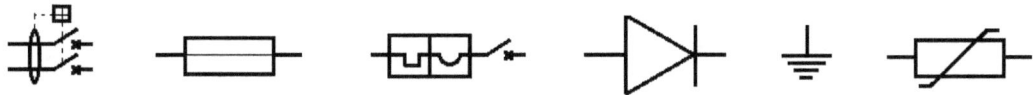

UNIDAD 5
MANTENIMIENTO Y REPARACIÓN DE LAS INSTALACIONES DE ENERGÍA SOLAR FOTOVOLTAICA

5. MANTENIMIENTO Y REPARACIÓN DE LAS INSTALACIONES DE ENERGÍA SOLAR FOTOVOLTAICA

5.1. Instrumentos de medida específicos (solarímetro, densímetro, entre otros)

A parte de los equipos de medida usuales de cualquier instalación eléctrica como son la pinza amperimétrica, el voltímetro, el vatímetro o pinza vatimétrica, el telurómetro, el multímetro, el medidor de aislamiento, etc.., en las instalaciones fotovoltaicas se hace uso de otros equipos de medida de magnitudes concretas para este tipo de instalación como son el solarímetro o piranómetro, el pirheliómetro, el albedómetro, el heliógrafo, el densímetro, etc...

- Instrumentos de medidas eléctricas

Además de los instrumentos propios de cualquier instalador eléctrico, hay que tener en cuenta que, en las instalaciones solares fotovoltaicas se necesitan instrumentos específicos para medidas en la parte correspondiente a corriente continua. Por tanto, tanto las pinzas amperimétrica y vatimétrica, como el voltímetro o el multímetro, deben ser capaces de medir esas magnitudes de corriente continua. Podemos encontrarnos con otros instrumentos capaces de representar gráficas, por ejemplo, de la curva tensión-intensidad de un panel.

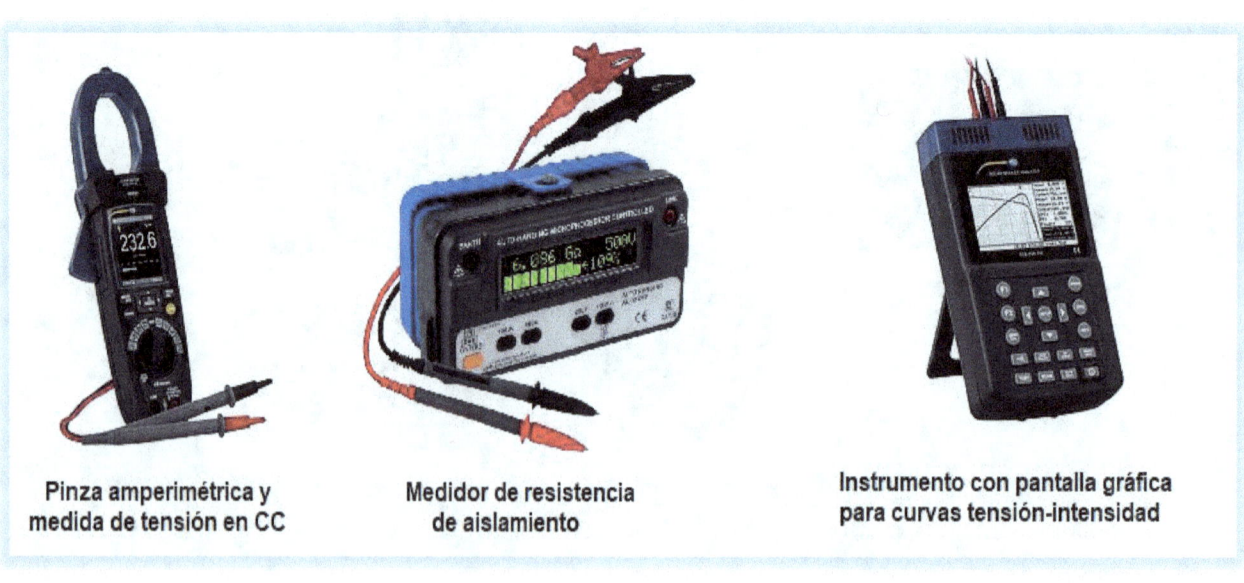

Pinza amperimétrica y medida de tensión en CC · Medidor de resistencia de aislamiento · Instrumento con pantalla gráfica para curvas tensión-intensidad

- Instrumentos de medidas solares

Son varios los instrumentos de medida de radiación solar que podemos encontrarnos como ya hemos dicho antes, y vamos a ver las características de cada uno de ellos.

✓ Solarímetro

También denominado piranómetro, es el que más se emplea para medir radiación solar y, haciendo uso de un dispositivo que impide el paso de la radiación directa, puede medir también la radiación difusa, ambas en W/m².

La medición se realiza mediante la diferencia de calentamiento de dos sectores de un disco plano pintados de blanco y negro respectivamente, generándose una diferencia de temperaturas que se transforma en una tensión proporcional a la radiación recibida.

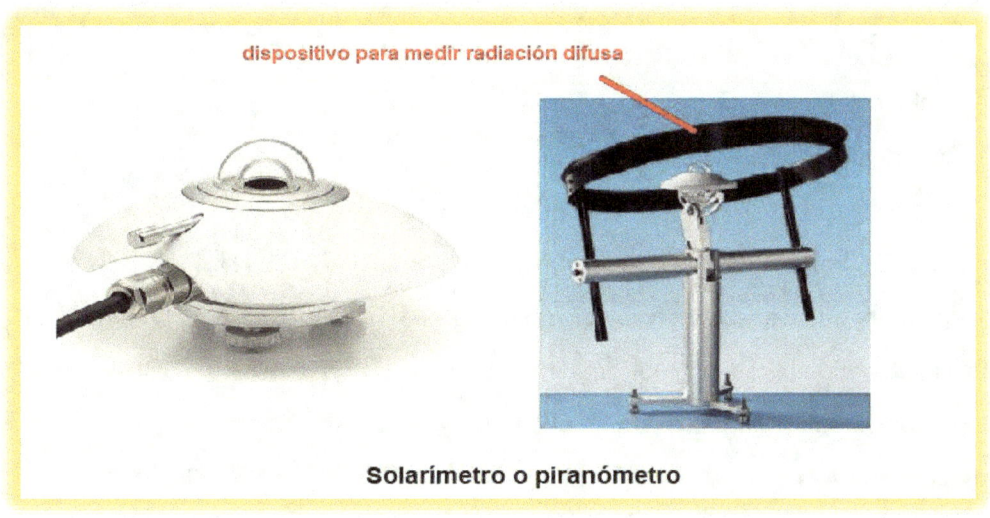

Solarímetro o piranómetro

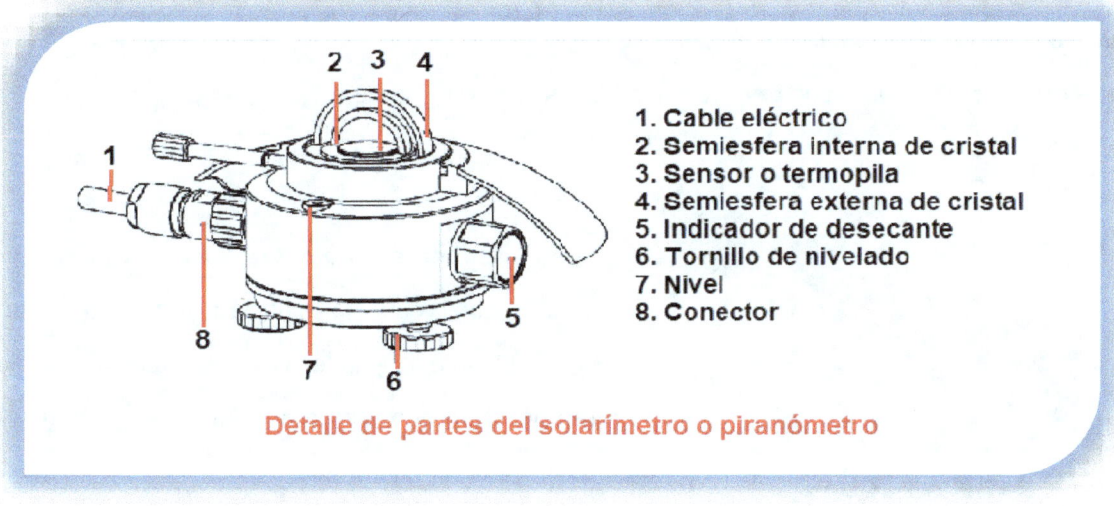

1. Cable eléctrico
2. Semiesfera interna de cristal
3. Sensor o termopila
4. Semiesfera externa de cristal
5. Indicador de desecante
6. Tornillo de nivelado
7. Nivel
8. Conector

Detalle de partes del solarímetro o piranómetro

Modelos de medidor de radiación solar

- ✓ Albedómetro

El albedómetro tiene un principio de funcionamiento muy parecido al del solarímetro o piranómetro, y se compone de dos piranómetros situados de forma opuesta, uno que mira hacia arriba y otro hacia abajo. El que mira hacia arriba mide la radiación directa y difusa, mientras que el que está mirando hacia abajo mide la radiación reflejada en W/m^2.

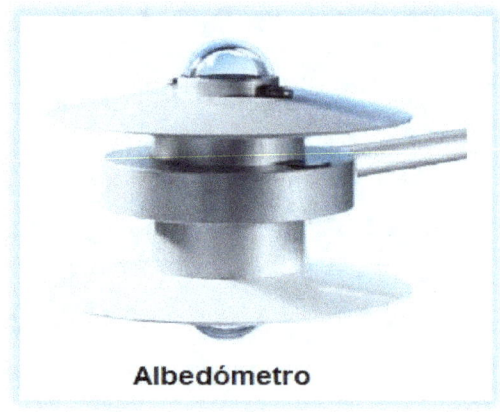

Albedómetro

- ✓ Pirheliómetro

Es un instrumento que sirve para medir la radiación solar directa en Wh/m^2, y para ello tiene un visor que debe orientarse perpendicularmente a ella, es decir, que le llegue esta con ángulo cero.

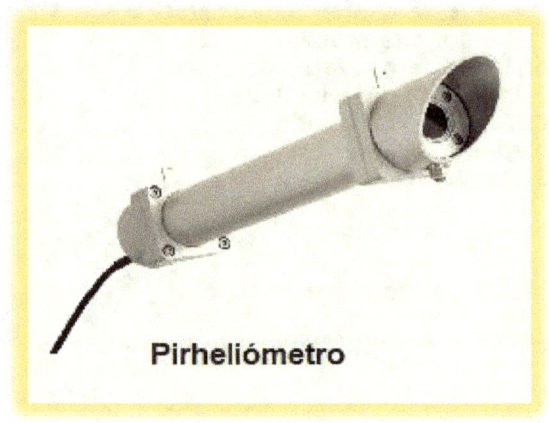

Pirheliómetro

En su interior presenta dos cavidades, una externa que se calienta al recibir la radiación, y otra interna que se calienta con energía eléctrica hasta alcanzar la misma temperatura que la externa, siendo esa energía coincidente con la radiación recibida.

✓ Heliógrafo

Es un equipo que nos permite medir las horas de sol habidas durante el transcurso del día.

Consiste en una esfera de vidrio de unos 10 cm de diámetro que concentra la luz recibida del sol en una cartulina situada en su interior, de manera que la cartulina se va quemando y la longitud de su trazo permite saber el número de horas de sol así como la intensidad de la radiación, según sea mayor o menor la quemadura del trazo en cada momento.

Heliógrafo

- Otros instrumentos de medida

✓ Inclinómetro

Son instrumentos que permiten saber la inclinación de los paneles solares, y pueden ser muy variados y complejos ya que los hay para medir una inclinación fija, pero también otros más sofisticados que se usan para los sistemas de seguimiento solar y la van midiendo en cada momento.

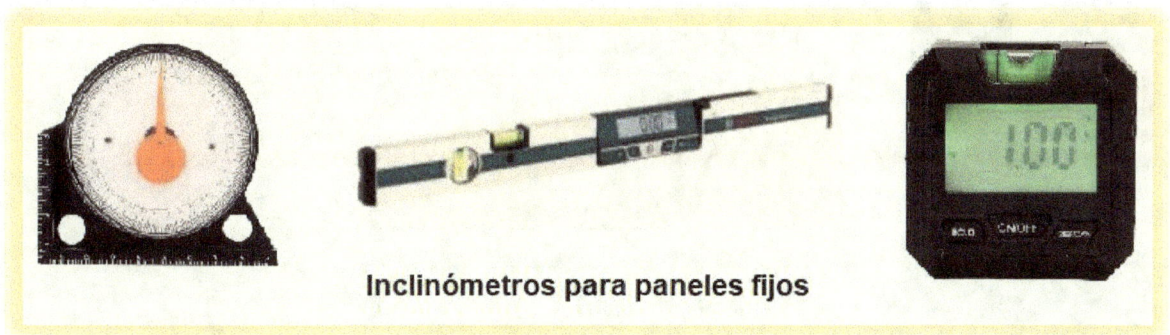
Inclinómetros para paneles fijos

Inclinómetros para seguidor solar

- ✓ Densímetro

Se trata de un instrumento que se utiliza la densidad del electrolito que contienen las baterías de ácido plomo y así comprobar su estado de carga.

En la figura se describe el funcionamiento de un modelo de densímetro:

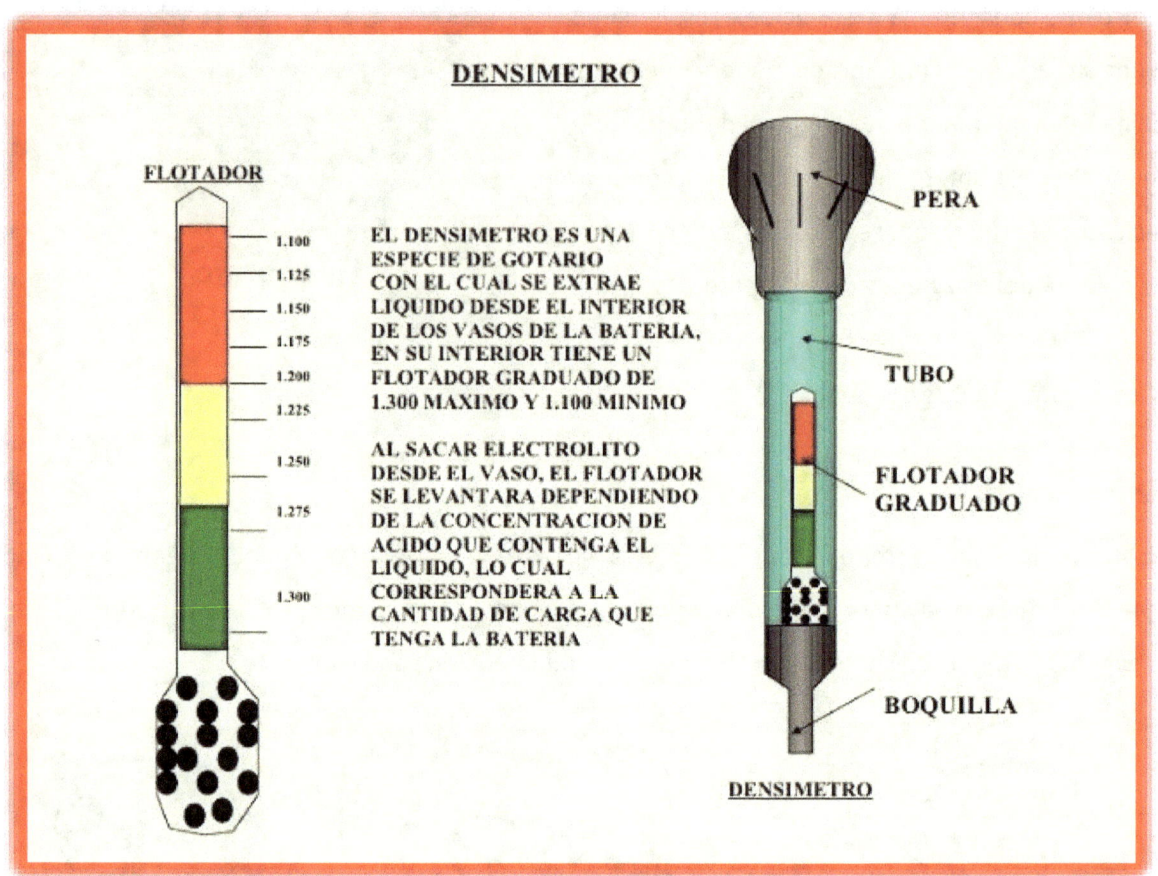

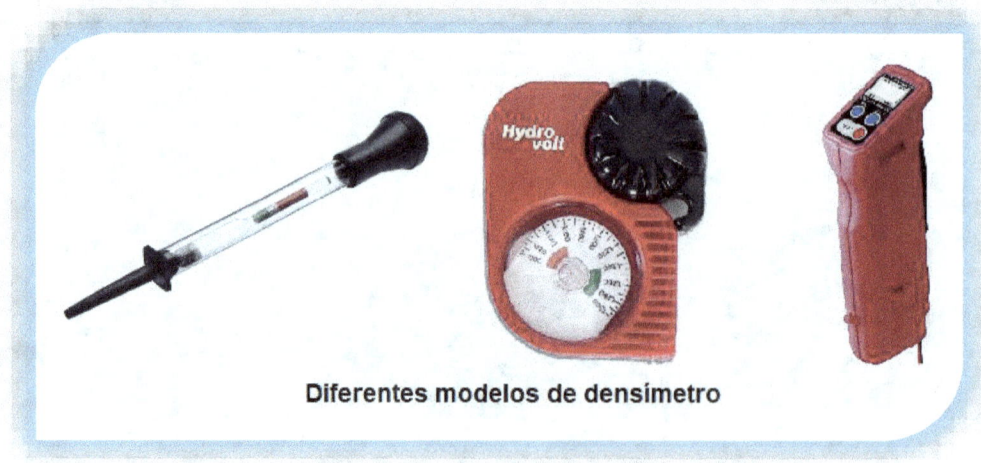

Diferentes modelos de densímetro

5.2. Revisión de paneles: limpieza y comprobación de conexiones

- Limpieza

Los paneles solares precisan de un mantenimiento periódico pues, de lo contrario, su rendimiento se puede ver reducido hasta en un 8 % en lugares en los que exista mucho polvo como pueden ser zonas industriales o de circulación de vehículos.

Por ello, es necesario una limpieza periódica de la superficie de los módulos, lo que permitirá que ese rendimiento por suciedad no se reduzca en más de un 1 %.

Esta limpieza no difiere mucho de la que se hace de los cristales de una vivienda haciendo uso de agua y no mucho jabón para que el aclarado sea más sencillo.

Lo mejor es utilizar una esponja que sea suave con una pequeña cantidad de lavavajillas, habiendo humedecido antes la suciedad del panel para que luego pueda salir mejor.

También se puede hacer uso de otros elementos como cepillos telescópicos para poder llegar mejor a toda la superficie del panel.

Para terminar, se aclarará con agua abundante hasta que no queden restos de jabón.

Cuando se trata de grandes paneles como el caso de plantas fotovoltaicas (huertos solares), se utilizan otros medios que permitan una limpieza más rápida, haciendo uso de maquinaria que realiza la limpieza de forma automatizada.

- Conservación y mantenimiento

Además de la limpieza, es necesario llevar a cabo otra serie de labores de revisión y mantenimiento en los paneles solares que asegure un mejor rendimiento:

✓ Inspección visual

Para detectar sombras que pueda haber sobre los paneles, roturas en los mismos, suciedad por falta limpieza, cables rotos o dañados, humedades, etc...

✓ Comprobación de orientación e inclinación

Se verificará que la inclinación y orientación de los paneles es la correcta y no ha sufrido modificaciones por causas como pueden ser el viento u otras.

✓ Comprobación de las conexiones

Deberá verificarse todas las conexiones eléctricas para augurarse de que son seguras y no estén flojas y puedan provocar un accidente eléctrico o un incendio.

Igualmente, se comprobarán los aprietes de las partes mecánicas de las estructuras para verificar que no presentan holguras.

✓ Verificación de puntos calientes

Habrá que comprobar que no hay puntos calientes en los paneles que reduzcan el rendimiento, haciendo uso para ello de cámaras termográficas, normalmente de forma aérea.

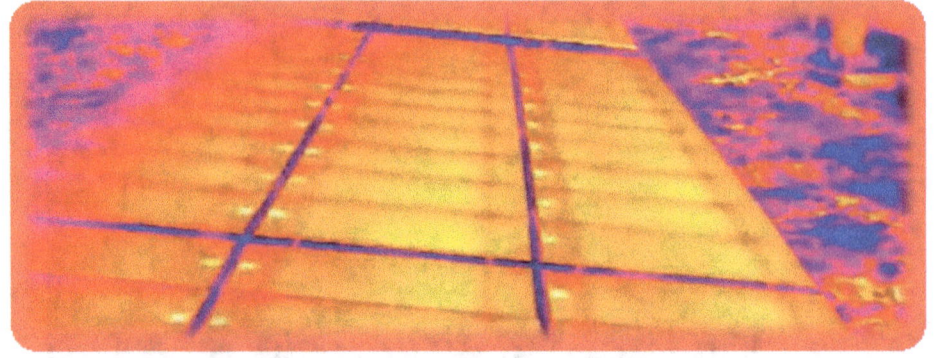

5.3. Conservación y mantenimiento de baterías

El mantenimiento de las baterías va a depender del tipo de batería de que se trate, así tenemos que las baterías de Litio, las AGM, y las estacionarias OPzV que no lo necesitan. Para el resto de baterías habrá que realizar un mantenimiento periódico cuyos plazos vendrán marcados por el fabricante.

A continuación, veremos algunas de las labores de mantenimiento:

- ✓ Verificar la buena ventilación del lugar donde se encuentren, y que no estén expuestas a rayos solares
- ✓ Comprobar que el nivel de electrolito esté entre el máximo y el mínimo indicado por el fabricante, y que las placas estén cubiertas por el mismo. Se utilizará agua destilada cuando sea necesario reponerlo. Si las placas no están cubiertas se pueden sulfatar al contacto con el aire y destruirse.

Bornes de batería sulfatados

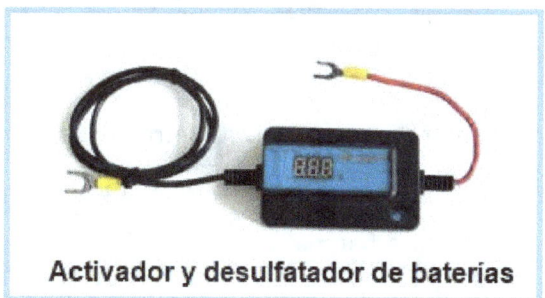
Activador y desulfatador de baterías

- ✓ Comprobar que los bornes de conexión estén bien apretados, así como el resto de conexiones, revisando igualmente el estado de los cables por si han sufrido un sobrecalentamiento y/o el aislante está afectado por cualquier motivo.
- ✓ Comprobar la densidad del electrolito y reponerlo si fuera necesario realizando una carga profunda.

Comrobación y relleno de nivel de electrolito

5.4. Comprobaciones de los reguladores de carga

Los reguladores requieren una serie de comprobaciones para verificar que están funcionando de forma correcta o si sufren algún daño:

- ✓ Verificar si las luces indicadoras o los datos del display muestran algún error o problema. En caso de ser así, consultar el manual del regulador para saber de qué se trata.

Reguladores con luces indicadoras (izquierda) y con display (derecha)

- ✓ Comprobar con un multímetro que los valores medidos coinciden con los mostrados por el regulador. Esto debe realizarse tanto en los terminales de entrada de los paneles como en los de salida a la batería.

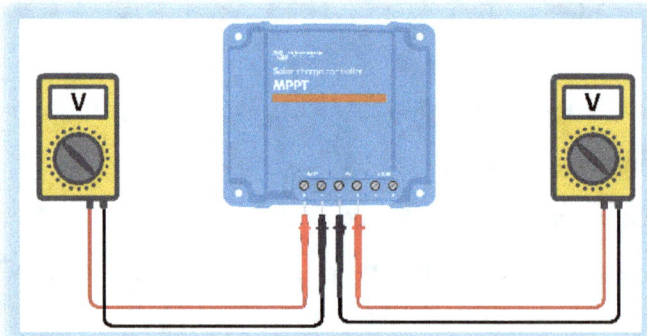

- ✓ Comprobar visualmente si existe alguna rotura o quemadura en la carcasa del regulador, así como el buen estado de sus componentes o si alguno está suelto.
- ✓ Comprobar el estado de las conexiones, verificando que el positivo y negativo del cable están conectados a las bornas correctas, además de el correcto apriete de los cables en los conectores.
- ✓ Revisar el estado de carga de la batería, pues si no se carga correctamente o se sobrecarga indicaría un posible estado defectuoso del regulador.

5.5. Comprobaciones de los conversores

En la instalación de los conversores o inversores habrá que tener en cuenta y comprobar varios aspectos en cuanto a sus parámetros:
- ✓ Verificar la suma de potencia de paneles conectados al inversor no supera la potencia máxima del mismo. Generalmente se dimensiona entre un 15 y 20 % de la potencia nominal de la instalación.
- ✓ Comprobar que la intensidad máxima de entrada del inversor admite la intensidad máxima que llega de los paneles. Habrá que tener en cuenta para ello el número de strings que llegan a su entrada.
- ✓ Verificar que sus rangos de funcionamiento de tensiones de entrada (máximo y mínimo) no se ven rebasados ni por encima ni por debajo por los valores máximos y mínimos de tensión que llegan de los paneles.

Además de ello, se tendrán que realizar otra serie de comprobaciones para verificar su correcto funcionamiento y/o que no esté dañado:
- ✓ Verificar la conexión correcta de la parte de corriente continua (comprobando la polaridad) y de la parte de corriente alterna, comprobando que los cables están bien conectados y no presentan holguras en los terminales.
- ✓ Comprobar que los cables de entrada y salida se encuentran en buen estado, sin presentar roturas ni defectos de aislamiento.
- ✓ Verificar que las aletas de refrigeración no presentan obstáculos ni suciedad que impida una correcta evacuación del calor disipado en su funcionamiento.
- ✓ Medir con un multímetro los valores de entrada y salida para comprobar que coinciden con los parámetros del inversor.
- ✓ Comprobar que la carcasa está bien sellada para evitar entrada de polvo o humedad.

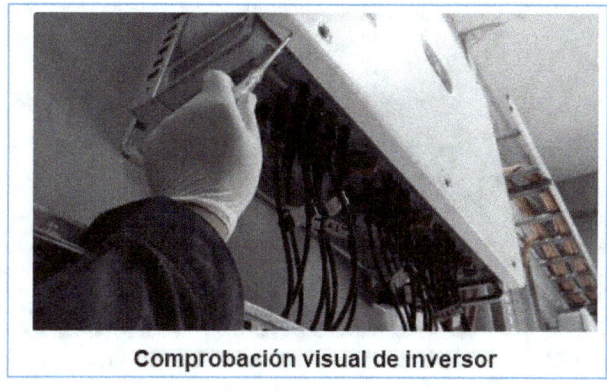

Comprobación visual de inversor

5.6. Averías tipo en instalaciones fotovoltaicas

Vamos a ver las averías más comunes que se pueden presentar en los diferentes elementos de una instalación fotovoltaica:

- Paneles
    - ✓ Roturas del vidrio

Puede ser motivadas por caídas de elementos externos como piedras, objetos lanzados de forma accidental, etc...

También se puede producir en la fase de montaje o de transporte de los paneles.

Rotura de vidrios de los paneles

- ✓ Puntos calientes

Supone una de las mayores preocupaciones pues los puntos calientes (hotspots) pueden dar lugar a que el panel quede inservible al cabo del tiempo. Muchas veces aparecen por la mala calidad de las células o porque hayan sufrido algún daño, pero normalmente se producen por la aparición de sombras que de no tomarse medidas como la colocación de diodos bypass, pueden desembocar en la destrucción del panel.

Efectos de los puntos calientes en un panel

Puntos calientes vistos en termografía

- ✓ Penetración de humedad

A veces se puede producir la deslaminación de las células solares consistente en que las diferentes capas pierden su hermeticidad, y así penetrar en ellas humedad provocando su mal funcionamiento y que suele terminar con la destrucción del panel.

- ✓ Defectos en el cableado de la instalación

Producidos por errores de los instaladores a la hora de realizar las conexiones o por no respetar las polaridades. En otras ocasiones tienen lugar por condiciones climáticas adversas que pueden provocar oxidaciones en las conexiones que causen desajustes y fallos en la instalación. También pueden ser debidos a que las conexiones se aflojen y los contactos provoquen calentamientos.

- Baterías
  - ✓ Altas temperaturas

La falta de ventilación en algunos tipos de batería motiva que se eleve la temperatura ambiente, reduciéndose su vida útil al acelerarse las reacciones y el desgaste de los electrodos.

- ✓ Autodescarga

Cuando la batería permanece inactiva, por ejemplo, en instalaciones situadas en casas de uso puntual, sufre una descarga que, si es excesiva, puede provocar que la batería quede inservible.

También se acelera la autodescarga en zonas que soportan climas calurosos.

- ✓ Sulfatación de terminales

Afecta a las baterías plomo-ácido cuyo electrolito es líquido y aparece cuando la batería permanece un período prolongado con una descarga elevada sin volver a cargarse, ocasionando que las placas y los terminales se sulfaten.

Baterías sulfatadas

- Reguladores e inversores
  - ✓ Errores en las conexiones

Provocados por no respetarse las polaridades o por aflojamiento de los terminales, generando un mal funcionamiento de la instalación y posibles sobrecargas, calentamientos y cortocircuitos.

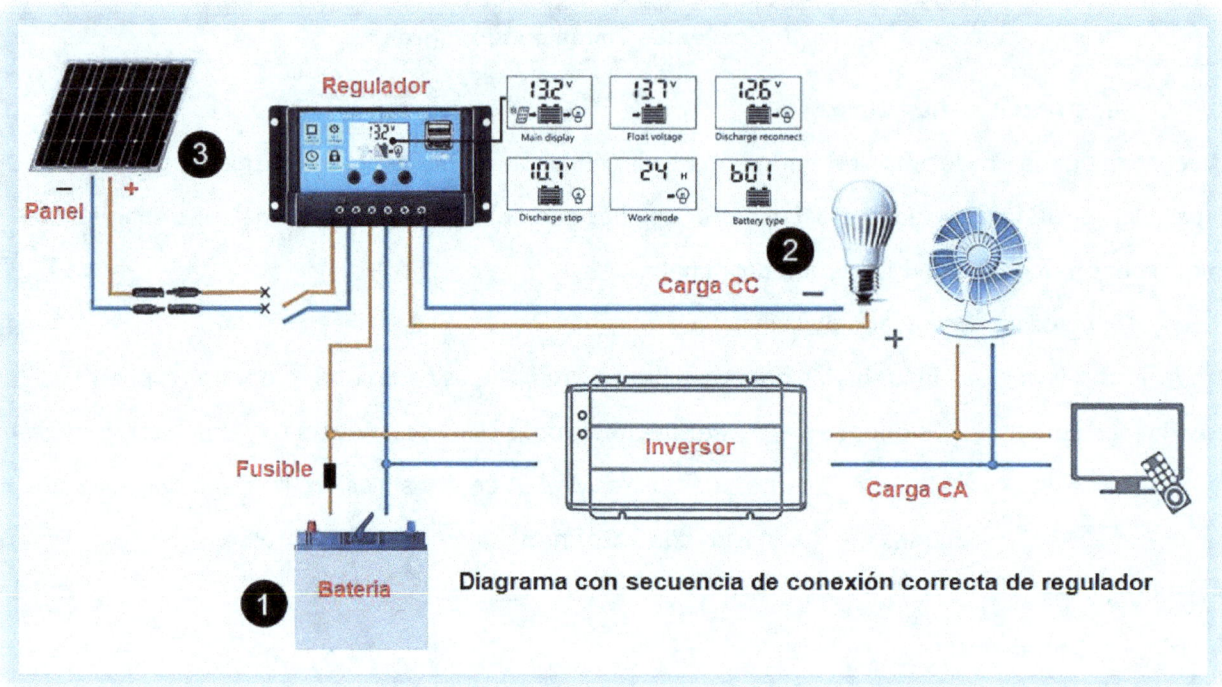

- ✓ Defectos de configuración

A veces en la puesta en marcha la persona encargada no posee una cualificación suficiente y/o no configura los equipos correctamente, bien por no hacer uso del manual, o bien por no saber interpretarlo por falta de conocimientos, provocando un mal funcionamiento de los equipos que puede llegar a deteriorarlos y afectando al resto de la instalación.

5.7. Actividades

- Cuestiones

1. Indica cinco instrumentos utilizados para realizar medidas eléctricas en instalaciones fotovoltaicas.

2. Indica cuatro instrumentos utilizados para realizar medidas de la radiación solar.

3. Qué función tienen el Inclinómetro y el densímetro en una instalación fotovoltaica.

4. En qué consisten los puntos calientes.

5. Indica cuatro acciones a llevar a cabo en el mantenimiento de las baterías.

6. Indica cuatro averías tipo en los paneles solares.

7. Indica tres averías tipo en las baterías.

8. Cuáles son las dos averías tipo más comunes en los reguladores e inversores.

- Ejercicios

1. Realiza el esquema de conexión de un regulador, indicando el orden de conexión del mismo a los diferentes elementos.

2. Realiza el esquema de conexión del diodo bypass en un panel para evitar que se produzcan puntos calientes.

UNIDAD 6
CONEXIÓN A LA RED DE LAS INSTALACIONES DE ENERGÍA SOLAR FOTOVOLTAICA AISLADAS

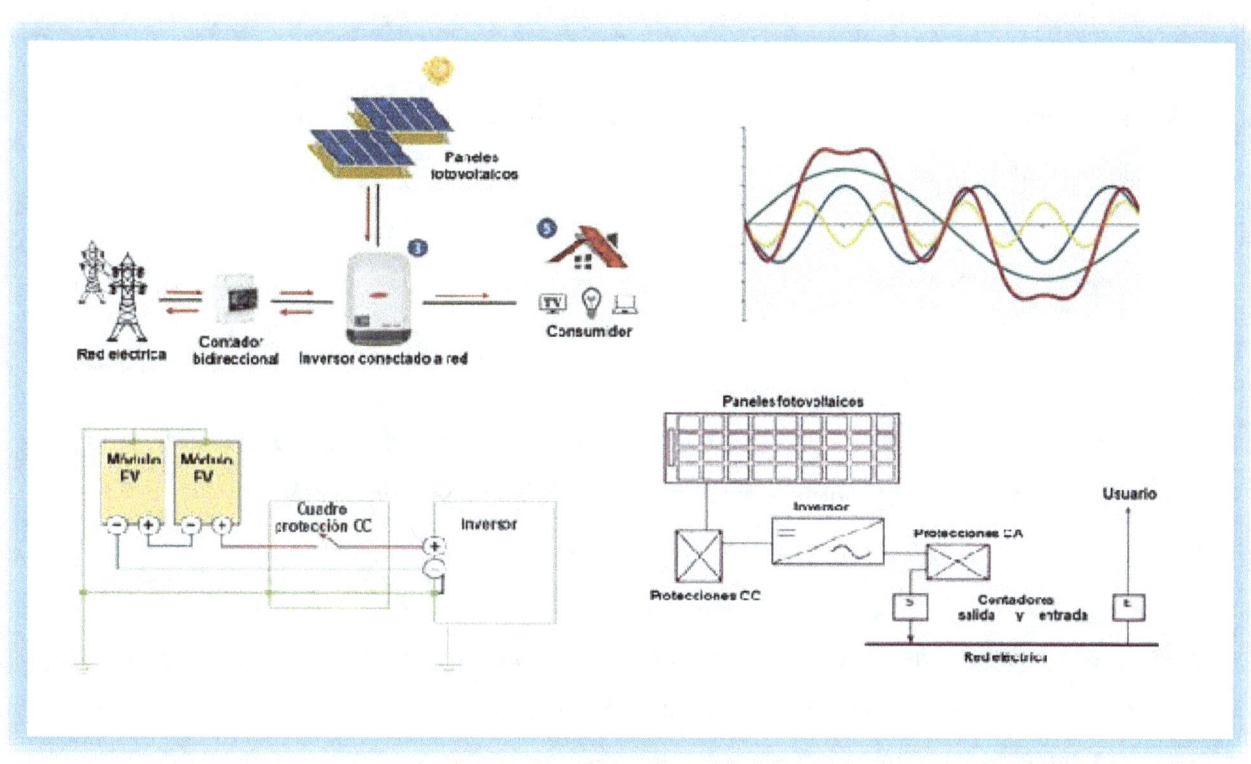

6. CONEXIÓN A LA RED DE LAS INSTALACIONES DE ENERGÍA SOLAR FOTOVOLTAICA AISLADAS

6.1. Reglamentación vigente

La última reglamentación correspondiente a instalaciones fotovoltaicas viene reflejada en el Real Decreto RD 244/2019 que establece las condiciones para el autoconsumo fotovoltaico.
Este Decreto regula las condiciones administrativas, técnicas y económicas del Real Decreto RD 15/2018, siendo los cambios más importantes del nuevo Decreto los siguientes:

- ✓ La energía producida en las instalaciones de autoconsumo queda libre de cualquier impuesto, quedando derogado el anteriormente denominado impuesto al sol.
- ✓ Queda reconocido el derecho al autoconsumo colectivo.
- ✓ Se simplifican los trámites técnicos y administrativos, especialmente en instalaciones de pequeña potencia.
- ✓ Se elimina el límite de potencia instalada, que anteriormente debía ser igual o inferior a la potencia contratada con la compañía.
- ✓ Se permite el alquiler de tejados y/o cubiertas a terceros para que estos puedan producir electricidad.

- Tipos de autoconsumo

  ➢ Autoconsumo sin excedentes

Abarca las instalaciones con conexión a la red eléctrica que disponen de un dispositivo antivertido que impide la inyección de los excedentes de producción a la red de distribución eléctrica.

  ➢ Autoconsumo con excedentes

Recoge aquellas instalaciones que, además de producir energía eléctrica para su autoconsumo, pueden inyectar en la red eléctrica de transporte y distribución los excedentes que tengan en su producción.
En esta modalidad de inyección, se contemplan dos casos:

❖ **Autoconsumo con excedentes acogida a compensación**

La compañía y el usuario se acogen al sistema de compensación simplificada de excedentes, es decir, que si el usuario no consume toda la energía que produce su instalación, el excedente lo puede inyectar a la red y la compañía en la factura le compensará por la energía sobrante inyectada. También existe la opción de acogerse a la compensación por balance neto, que consiste en que, a la hora de facturar, la compañía cobra lo mismo el kWh por la energía consumida que por la inyectada a la red

Para acogerse a esta modalidad se deben cumplir unos requisitos:

- La fuente de energía de la instalación ha de ser renovable, algo que en las fotovoltaicas se cumple.
- La potencia de la instalación no puede superar los 100 kW.
- El usuario solo puede tener contrato de suministro con una comercializadora y tener firmado un contrato de compensación de excedentes.
- El usuario no puede tener un beneficio económico, es decir, si la compensación supera el consumo de la compañía, la factura no puede ser negativa, sería de cero.

❖ **Autoconsumo con excedentes no acogida a compensación**

En este caso el usuario no se acoge a la compensación por excedentes y estos se venden al mercado eléctrico.

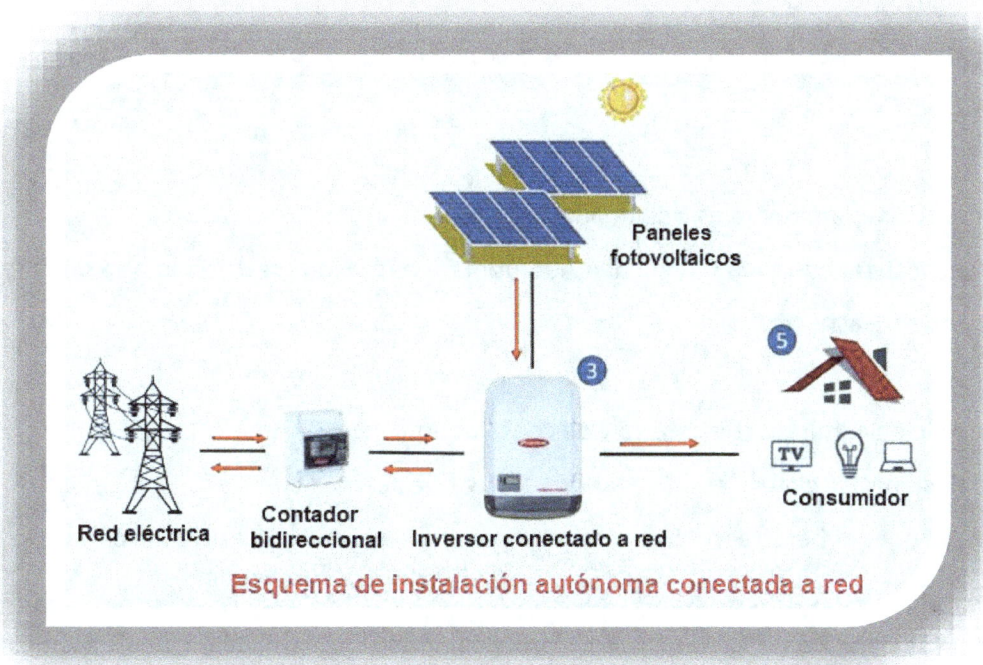

6.2. Solicitud y condiciones

Tras la aprobación del Real Decreto RD 244/2019 mencionado anteriormente, el procedimiento de solicitud y sus condiciones son las siguientes:

1) Diseño de la instalación

Cuando se trate de una instalación de baja tensión cuya potencia no supere los 10 kW de potencia, se debe entregar una memoria técnica.

Para instalaciones cuya potencia supere los 10 kW, es necesario entregar un proyecto técnico.

2) Permisos de acceso y conexión con avales o garantías

La Empresa que realice la instalación solicitará a la empresa distribuidora el CAU que es el Código de Autoconsumo, independientemente del tipo de autoconsumo de que se vaya a tratar.

Este código sirve para identificar el autoconsumo, y constará de una A seguida de tres dígitos que irán a continuación del código de suministro de la compañía (CUPS), de esta manera:

$$\text{Código CAU} = \text{CUPS} + \text{A132}$$

Aquellas instalaciones con o sin excedentes de potencia que no superen los 15 kW y estando en suelo urbano dispongan de las dotaciones y servicios requeridos por la ley urbanística, quedan exentas de los permisos de acceso y conexión.

El resto de instalaciones deberán tramitar los permisos de acceso y conexión a la red de distribución con la Compañía Suministradora.

3) Autorizaciones ambientales y de utilidad pública

Se tendrá que consultar con cada Comunidad Autónoma si hay alguna restricción o se debe realizar algún trámite en este aspecto.

4) Autorización administrativa previa y de construcción

Aquellas instalaciones de potencias inferiores a 100 kW que sean de baja tensión están exentas, y el resto de instalaciones deberán consultar con su Comunidad Autónoma si existe necesidad de realizar algún trámite.

A continuación, se puede ver el resumen de los procedimientos de tramitación y obligaciones de registro para la Comunidad de Madrid:

RESUMEN DE PROCEDIMIENTOS DE TRAMITACIÓN PARA LA PUESTA EN SERVICIO SEGÚN MODALIDADES DE AUTOCONSUMO

Tramitación en:	Modalidad de suministro	Instalación generadora	Potencia instalación generadora	Procedimiento de tramitación
EICI	Autoconsumo sin excedentes	BAJA TENSIÓN	Sin límite de potencia	Según 1.1 apartado a)
EICI	Autoconsumo con excedentes	BAJA TENSIÓN	P ≤ 100 kW	Según 1.1 apartado b)
DGIEM	Autoconsumo sin excedentes	ALTA TENSIÓN	Sin límite de potencia	Según 1.2 apartado a)
DGIEM	Autoconsumo con excedentes	BAJA TENSIÓN	P > 100 kW	Según 1.2 apartado b)

RESUMEN DE OBLIGACIONES DE REGISTRO

Potencia instalación generadora	Registro administrativo de autoconsumo	Registro de instalaciones de producción (este registro sólo es aplicable a instalaciones con excedentes)
P ≤ 100 kW	Obligación para los sujetos consumidores de comunicar las modificaciones y bajas, así como las altas de sujetos consumidores conectados en AT.	Exentos
P > 100 kW	Obligación para los sujetos consumidores de comunicar las altas, bajas y modificaciones	Obligación para los titulares de las instalaciones de producción de comunicar altas, bajas y modificaciones

5) Licencia de obras

Para las instalaciones de autoconsumo se debe solicitar la licencia de obras siguiendo la normativa del lugar donde se vaya a realizar la instalación.

Igualmente, se tiene que liquidar la tasa del impuesto de construcciones y obras (ICIO) que será bonificado dependiendo del municipio hasta en un 95 %.

A continuación, se pueden ver como ejemplo los programas de ayuda para la instalación de paneles solares en la Comunidad de Madrid para el año 2024:

Ayudas para paneles solares en Madrid

Programa	Beneficiarios	Tipo de instalación	Subvención
Nº 1	Empresas del sector servicio	Instalación de placas	Hasta 45%
Nº 2	Empresas de otros sectores	Instalación de placas	Hasta 45%
Nº 3	Empresas con instalación	Almacenamiento	Hasta 65%
Nº 4	Particulares	Instalación de placas	Hasta 1.110 €/kWp
Nº 5	Particulares con instalación	Almacenamiento	Hasta 490 €/kWp
Nº 6	Particulares	Instalación de placas térmicas	Hasta 490 €/kWp

6) Ejecución de la instalación

La ejecución de la instalación se llevará a cabo por una empresa instaladora de Baja tensión autorizada o si la tensión surera los 1000 V, por una empresa instaladora de Alta Tensión autorizada.

7) Inspección inicial e inspecciones periódicas

Las instalaciones con y sin excedentes de Baja Tensión, habitualmente no precisan de una inspección inicial mientras que aquellas instalaciones que sean de Alta Tensión cuya potencia supere los 100 kW necesitan pasar una inspección inicial, además de inspecciones periódicas cada 5 años. En todo caso, deberá consultarse cada caso con la Comunidad autónoma.

8) Certificados de instalación y/o certificados de fin de obra

Cuando se trata de instalaciones de baja tensión de potencias no superiores a 10 Kw, el instalador autorizado emite el Certificado de Instalación Eléctrica (CIE) con el cual se lleva a cabo la certificación de fin de obra ante el órgano competente de la Comunidad.

Cuando la instalación sea de Alta Tensión habrá que adjuntar el certificado de instalación eléctrica emitido por empresa instaladora de alta tensión junto con el certificado final de obra suscrito por un técnico facultativo competente (ingeniero).

9) Autorización de la instalación.

Aquellas instalaciones de baja tensión de potencias que no superen los 100 kW quedan exentas de autorización.

Las de Alta Tensión o que superen esa potencia deberán consultar con la Comunidad autónoma correspondiente.

10) Contrato de acceso

Debe ser solicitado cuando las instalaciones tengan un contrato de suministro para servicios auxiliares de producción, siendo las empresas instaladoras las que determinan si es necesario ese contrato de suministro.

11) Licencia de actividad económica

Será necesaria para aquellas instalaciones de autoconsumo con excedentes que no se acojan a compensación, pues pueden vender la energía en el mercado eléctrico.

6.3. Punto de conexión

El punto de conexión a la red eléctrica de una instalación fotovoltaica necesita cumplir con el Real Decreto RD 1663/2000 sobre conexión de instalaciones fotovoltaicas a la red de baja tensión.

Cuando se trata de usuarios que tienen autoconsumo con inyección a red, el punto de conexión está situado en la propia instalación del usuario.

Cuando se trata de plantas fotovoltaicas de producción de energía fotovoltaica, el punto de conexión está situado en la red de distribución de la compañía eléctrica.

En este punto de conexión también se lleva a cabo la medida de la energía entregada y/o consumida, dependiendo del tipo de instalación.

- ✓ Proceso de solicitud

El proceso de solicitud de conexión viene regulado por el Real Decreto RD 1183/2020 sobre acceso y conexión a las redes de transporte y distribución de energía eléctrica.

Cuando se trate de instalaciones de potencia superior a 100 kW, la solicitud deberá presentarse para un nudo o tramo concreto de la red.

A continuación, podemos ver un gráfico en que se indica el procedimiento desde que se presenta una solicitud de conexión hasta que es admitida o denegada:

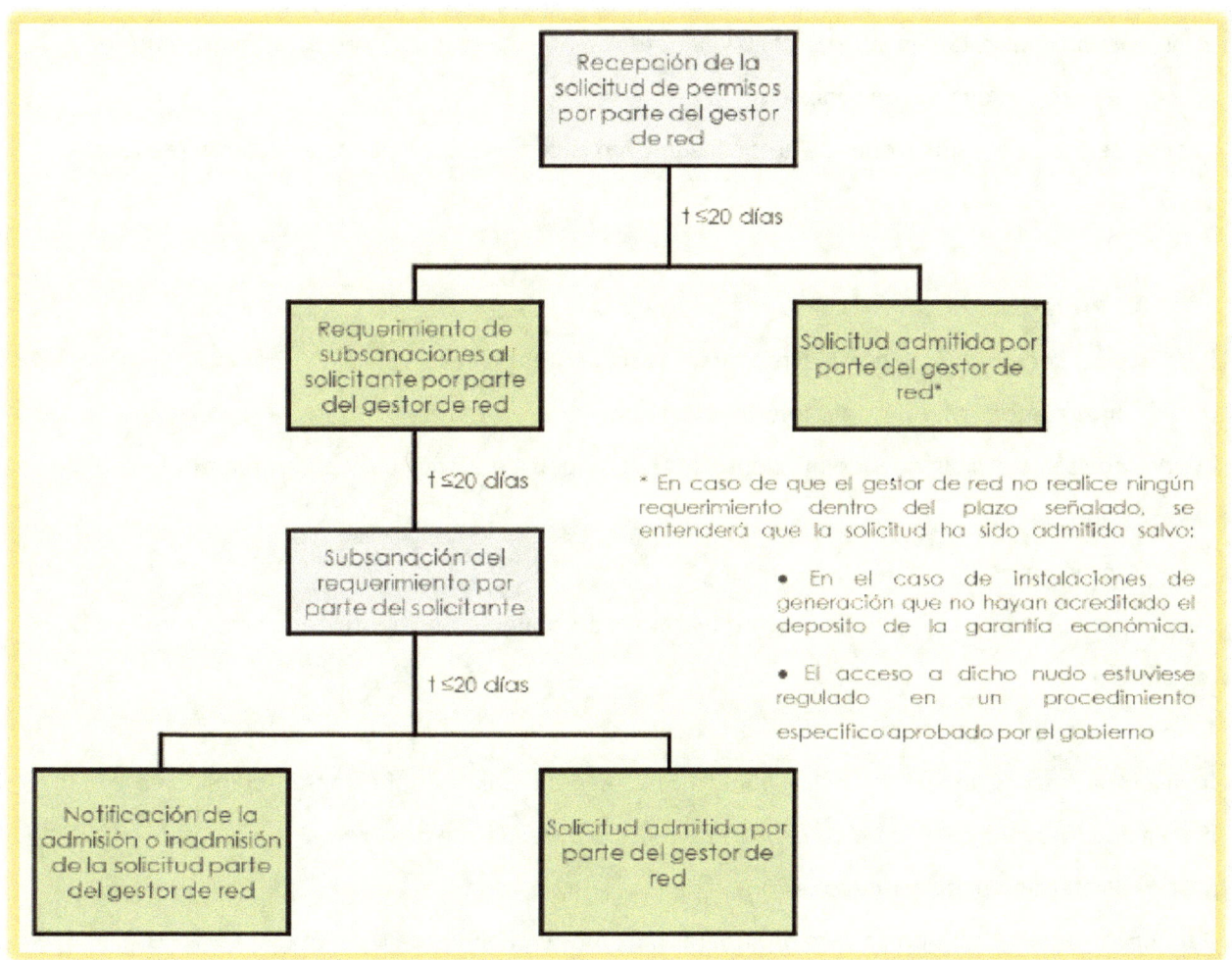

Una vez que se admite la solicitud, el gestor de la red eléctrica dispones de unos plazos para remitir al solicitante el resultado del análisis de su solicitud, reflejados en el siguiente cuadro:

PLAZOS PARA LA REMISIÓN DE PROPUESTA PREVIA ARTÍCULO 13 DEL RD 1183/2020			
Conexión con la red de distribución V < 1kV	P≤15 kW	Sin necesidad de realizar instalación de nueva extensión de red	5 días
		Resto de casos	15 días
Conexión con la red de distribución 1kV ≤ V < 36kV			30 días
Conexión con la red de distribución V > 36kV			40 días
Conexión con la red de trasporte			60 días

* Los plazos anteriores, computan desde la fecha de admisión a trámite de la solicitud.
** En los casos en los que se requiera valoración del gestor de red aguas arriba de la red para la que se realiza la solicitud, los plazos máximos establecidos se verán incrementados el plazo establecido para la remisión del informe correspondiente (Art 11.4)

Cuando se trate de instalaciones de potencias que no superen los 15 kW se podrá realizar un procedimiento abreviado, en el cual los plazos de remisión se reducen a la mitad.

Si las instalaciones están en suelo urbano y la potencia no supera los 15 kW, estarán exentas del procedimiento de solicitud de conexión.

Cuando se trate de instalaciones de autoconsumo sin excedentes, tampoco necesitarán realizar solicitud.

6.4. Protecciones

Para realizar la conexión, deberán acreditarse las siguientes protecciones:

- ✓ Interruptor general magnetotérmico manual

Tendrá que ser accesible en todo momento por la Compañía eléctrica para poder realizar la desconexión.

- ✓ Interruptor automático diferencial

Servirá para proteger a las personas de derivaciones en cualquier elemento de la parte continua de la instalación.

- ✓ Interruptor automático de la interconexión

Irá acompañado de un relé de enclavamiento y protegerá mediante conexión-desconexión a la instalación fotovoltaica en caso de pérdida de tensión o frecuencia de la red.

- ✓ Protección para la interconexión

Para proteger la instalación en caso de superar máximos y mínimos de tensión (1,1 y 0,85 U_m), y máximos y mínimos de frecuencia (51 y 49 Hz).

- ✓ Integración en el inversor

Se podrán integrar en el inversor las funciones de protección de máxima y mínima tensión y frecuencia, y en ese caso, también las maniobras automáticas de conexión y desconexión.

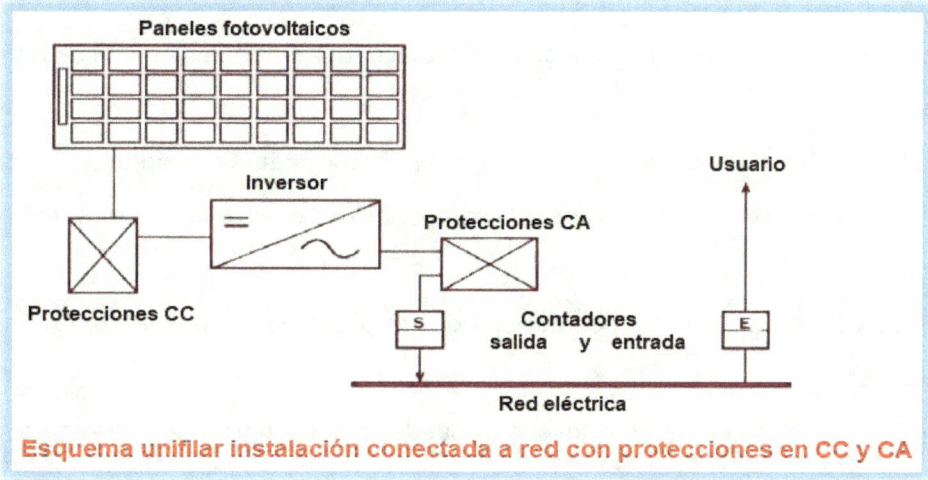

Esquema unifilar instalación conectada a red con protecciones en CC y CA

6.5. Tierras

Para realizar la puesta a tierra de la instalación fotovoltaica habrá que asegurarse de que no altere las condiciones de la puesta a tierra de la red eléctrica, de forma que no se puedan transferir defectos de la red a la instalación fotovoltaica.

Para conseguir esto, ambas instalaciones de puesta a tierra estarán separadas galvánicamente, ya sea por un transformador de aislamiento o por otro medio que cumpla esa función.

Las masas de la instalación fotovoltaica se conectarán a una tierra independiente de la del neutro de la empresa distribuidora y del resto del suministro eléctrico.

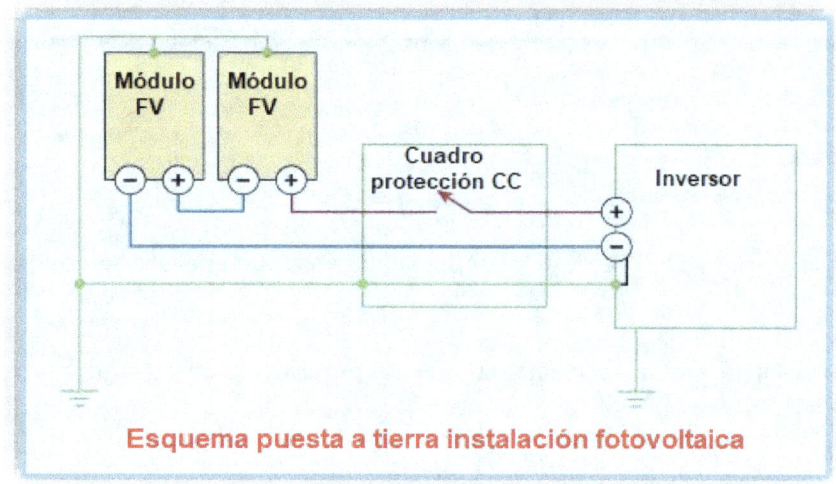

Esquema puesta a tierra instalación fotovoltaica

6.6. Armónicos y compatibilidad electromagnética

El nivel de armónicos a la salida de corriente alterna del inversor deberá cumplir con la reglamentación vigente.

Igualmente, los niveles de emisión e inmunidad electromagnética deberán cumplir con los establecidos por normativa.

A la hora de hacer la solicitud de conexión a la Compañía Eléctrica habrá que adjuntar los certificados que acrediten tanto el nivel de armónicos como la compatibilidad electromagnética, siendo requisito para la concesión.

Para medir el nivel de armónicos se pueden utilizar equipos preparados para ello como son los analizadores de redes.

En caso de que el nivel de armónicos sea elevado se pueden colocar filtros para corregirlo.

En la siguiente figura se pueden apreciar los armónicos de 2º, 3º, 4º y 5º orden junto con la onda de tensión fundamental, así como el resultado de dichos armónicos sobre la onda que se pueden ver en la de color rojo de la derecha:

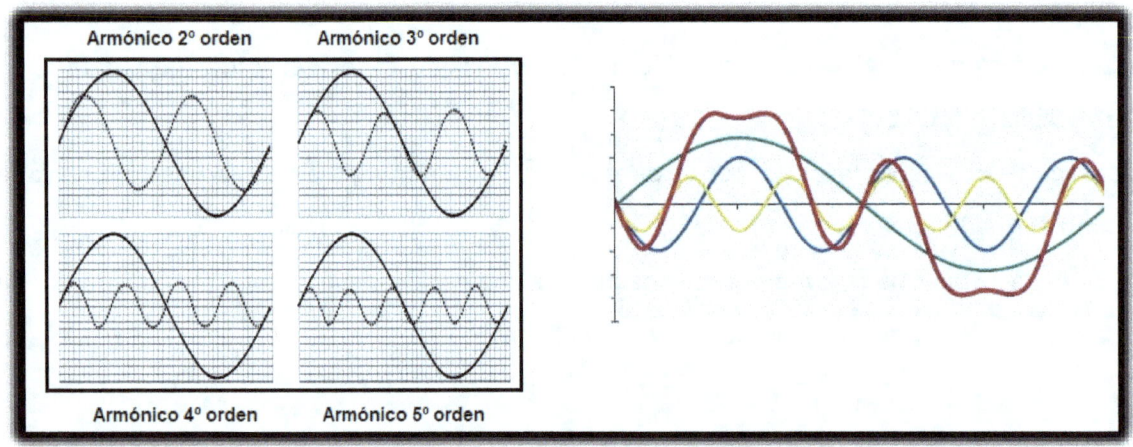

6.7. Verificaciones

Antes de conceder el permiso de conexión, la Empresa Eléctrica que opera la red debe realizar una serie de verificaciones:

- ✓ Que la instalación que se va a conectar cumple los requisitos para garantizar la seguridad y calidad del servicio.
- ✓ La viabilidad técnica y de ingeniería de la instalación.

6.8. Medida de consumos

Para realizar tanto la medida de consumos como la de aporte de energía a la red eléctrica, se utilizarán contadores, habiendo dos posibilidades:

- ✓ Mediante dos contadores

En este caso se coloca un contador que mide la energía que se recibe de la red eléctrica y otro que mide la energía que se vierte en la red.

- ✓ Mediante un contador

Cuando se realice la medida mediante un solo contador, este debe ser bidireccional, es decir, que realice la medida de la energía en ambos sentidos, la que se consume de la red y la que se inyecta en ella.

- Contador bidireccional

El contador bidireccional es un instrumento de medida de energía eléctrica fundamental para las instalaciones de autoconsumo fotovoltaico con compensación de excedentes.

Permite medir tanto la energía consumida por el usuario de la red como la que este inyecta en la red como excedente de la producida por su instalación.

Además de esta medida en ambos sentidos de la energía, tiene otras características como son.

- Realizar el registro histórico de consumo y producción de energía.
- Conectarse a sistemas de monitorización para realizar un seguimiento en tiempo real.
- Ser compatible con sistemas de comunicación para enviar información telemática a la compañía eléctrica.

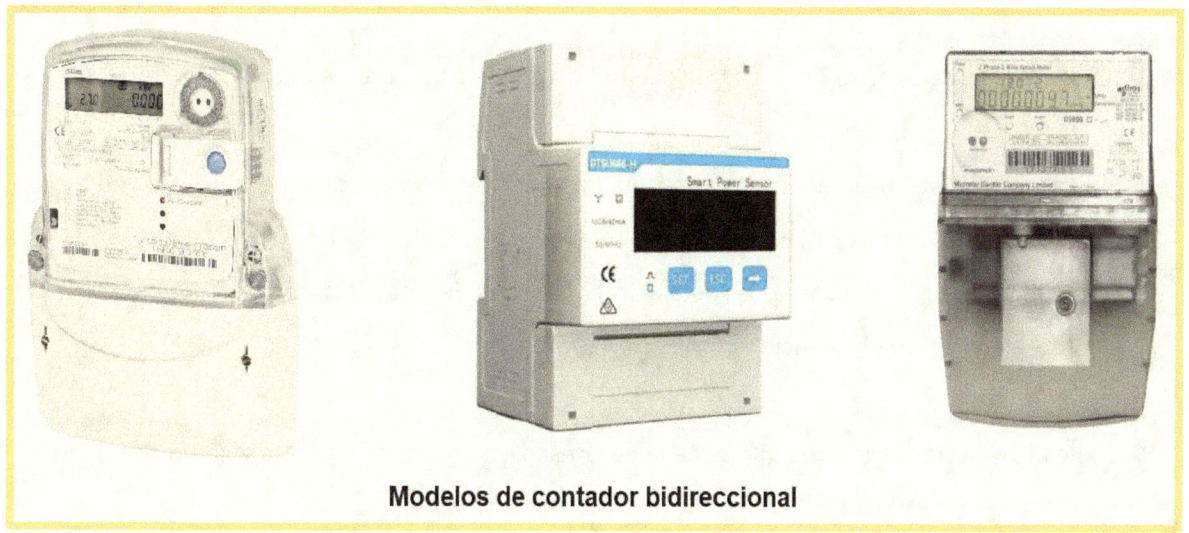

Modelos de contador bidireccional

6.9. Actividades

- Cuestiones

1. Indica los diferentes tipos de autoconsumo que existen según la normativa.

2. En qué consiste el autoconsumo sin excedentes.

3. En qué consiste el autoconsumo con excedentes acogido a compensación.

4. Cuáles son los requisitos para poder acogerse al modo de autoconsumo con excedentes acogido a compensación.

5. En qué consiste el autoconsumo con excedentes no acogido a compensación.

6. Explica lo que es el código CAU.

7. Qué tipo de instalaciones necesitan inspecciones antes y después ponerse en marcha.

8. Cuándo es necesario tener un contrato de acceso.

9. Cuándo se necesita una licencia de actividad económica.

10. Dónde viene regulado el proceso de solicitud de conexión a la red eléctrica.

11. Indica las protecciones necesarias para una instalación fotovoltaica conectada a la red eléctrica.

12. Qué condiciones debe cumplir la instalación de tierras de una instalación fotovoltaica conectada a la red eléctrica de distribución.

13. Cuáles son las verificaciones que hace la Empresa Distribuidora para autorizar la conexión.

14. De qué dos formas se pueden medir los consumos en una instalación conectada a red.

15. Indica tres características del contador bidireccional fuera de medir en ambas direcciones la energía.

- Ejercicios

1. Realiza un esquema unifilar de una instalación fotovoltaica de una instalación conectada a red que incluya los cuadros de protección de CC y CA.

2. Realiza un esquema de puesta a tierra de una instalación fotovoltaica.

3. Realiza un gráfico donde estén representados los armónicos de 2, 3, 4 y 5º orden.

4. Dibuja el resultado de una onda que contenga los armónicos de 3 y 5º orden.

UNIDAD 7
PREVENCIÓN DE RIESGOS LABORALES Y PROTECCIÓN AMBIENTAL

7. PREVENCIÓN DE RIESGOS LABORALES Y PROTECCIÓN AMBIENTAL

7.1. Identificación de riesgos

Para identificar los riesgos de un sistema fotovoltaico es necesario tener en cuenta todo el ciclo de vida del proyecto, desde la planificación y diseño de la instalación, hasta su puesta en marcha y funcionamiento, incluyendo el desmantelamiento una vez termina su vida útil.

Entre ellos, hay que tener en cuenta la fase de inspección y conformidad, la fase de compras, el almacenamiento de materiales, el montaje y las pruebas, y la recepción de la instalación.

A continuación, podemos ver un esquema del ciclo de vida de la instalación:

A la hora de realizar la instalación y el mantenimiento, nos vamos a encontrar con diferentes tipos de riesgos, unos comunes y otros específicos.

- Riesgos comunes
    - Golpes y cortes por objetos y herramientas
    - Atrapamientos por objetos o entre objetos
    - Caída de objetos suspendidos
    - Estrés térmico
    - Sobreesfuerzos y posturas forzadas
    - Movimientos repetitivos
    - Salpicaduras de ácido
- Riesgos específicos
    - En parques fotovoltaicos (huertos solares)
        - Atropellos por vehículo
        - Caídas al mismo nivel
    - En tejados y cubiertas
        - Caídas a distinto nivel

7.2. Determinación de las medidas de prevención de riesgos laborales

A la hora de determinar las medidas de prevención, habrá que hacer un estudio de cada riesgo para saber lo que se denomina VEP o valor esperado de pérdida, y para calcular ese valor hay que tener en cuenta dos factores:

✓ Probabilidad de que ocurra el daño

Esta probabilidad se asigna según el criterio de la siguiente tabla:

Baja (valor asignado 1):	En este caso, el daño ocurrirá rara vez o en contadas ocasiones (posibilidad de ocurrencia remota).
Media (valor asignado 2):	En este caso, el daño ocurrirá en varias ocasiones (posibilidad de ocurrencia mediana (puede pasar), no siendo tan evidente).
Alta (valor asignado 4):	En este caso, el daño ocurrirá siempre o casi siempre (posibilidad de ocurrencia inmediata, siendo evidente que pasará).

Para determinar ese valor de probabilidad, hay que tener una serie de consideraciones como son:
- La existencia de condiciones y acciones inseguras
- La revisión de registros de trabajo e informes técnicos que existan
- La frecuencia de exposición del riesgo evaluado (si es puntual, diario, semanal, etc...)
- El cumplimiento de los requisitos legales que haya
- La existencia de procedimientos seguros
- Las medidas de protección que se van a tomar y su eficacia

✓ Consecuencia y severidad del daño

Vendrá determinado por los criterios de la siguiente tabla:

Ligeramente dañino (valor asignado 1):	Esta graduación debe ser adoptada en aquellos casos en los cuales se puedan generar a nivel de trabajadores daños superficiales como cortes, magulladuras pequeñas e irritaciones a los ojos (por ejemplo por polvo), como a su vez por molestias e irritaciones que puedan generar dolor de cabeza y disconfort entre otras, todas éstas incapacitantes. A su vez, también corresponderá su asignación cuando se genere a la empresa un daño material que no impida su funcionamiento normal, junto con una pérdida de producción menor.
Dañino (valor asignado 2):	Esta graduación debe ser adoptada en aquellos casos en los cuales se puedan generar laceraciones, quemaduras, conmociones, torceduras importantes y fracturas menores. A su vez, también corresponderá su asignación cuando se genere a la empresa un daño material parcial y reparable, junto con una pérdida de producción de consideración (mediana).
Extremadamente dañino (valor asignado 4):	Esta graduación debe ser adoptada en aquellos casos en los cuales se puedan generar eventos extremadamente dañinos a nivel de los trabajadores que generen incapacidades permanentes como amputaciones, fracturas mayores, intoxicaciones, lesiones múltiples y lesiones fatales. A su vez, también corresponderá su asignación cuando se genere a la empresa un daño material extenso e irreparable, junto con una pérdida de producción de proporciones.

Una vez determinados los valores de ambas variables, se calcula el valor de pérdida esperado VEP como el producto de ambos, estando su valor comprendido entre 1 y 16 de acuerdo con la siguiente tabla:

		CONSECUENCIAS		
		Ligeramente dañino	Dañino	Extremadamente dañino
PROBABILIDAD	Baja	1	2	4
	Media	2	4	8
	Alta	4	8	16

Y a la hora de tomar medidas, se hará de acuerdo con esos valores y la tabla que sigue en función de la gravedad del riesgo:

VEP	RIESGO	ACCIÓN Y TEMPORIZACIÓN
1	Trivial	No se requiere acción específica
2	Tolerable	No se necesita mejorar la acción preventiva. Sin embargo, se deben considerar soluciones más rentables o mejoras que no supongan una carga económica importante. Se requieren comprobaciones periódicas para asegurar que se mantiene la eficacia de las medidas de control
4	Moderado	Se deber hacer esfuerzos para reducir el riesgo, determinando las inversiones precisas. Las medidas para reducir el riesgo se deben implementar en un período determinado. Cuando el riesgo moderado está asociado con consecuencias extremadamente dañinas, se precisará una acción posterior para establecer, con más precisión, la probabilidad de daño como base para determinar la necesidad de mejora de las medidas de control.
8	Importante	No se debe comenzar ni continuar el trabajo hasta que se haya reducido el riesgo (puede que se precisen recursos considerables para controlar el riesgo). Cuando el riesgo corresponda a un trabajo que se está realizando, se debe remediar el problema en un tiempo inferior al de los riesgos moderados.
16	Intolerable	No debe comenzar ni continuar el trabajo hasta que se reduzca el riesgo. Si no es posible reducirlo, incluso con recursos limitados, se debe prohibir el trabajo

7.3. Prevención de riesgos laborales en los procesos de montaje y mantenimiento

A la hora de tomar medidas de prevención que permitan evitar o disminuir los riesgos que se producen durante el montaje y mantenimiento de las instalaciones fotovoltaicas, se pueden llevar a cabo las siguientes acciones:

- Mejorar la gestión y organización de las tareas
- Cambiar los procedimientos de trabajo
- Hacer uso de protecciones colectivas
- Utilizar equipos de protección individual (EPIs)
- Proponer medidas correctoras
- Formar e informar al trabajador
- Realizar exámenes de salud periódicos

- Medidas de seguridad en las instalaciones fotovoltaicas
  ✓ Seguridad en los equipos

Se deberá prestar especial atención a la manipulación de los paneles, baterías, inversores, cableado, estructuras, etc..., para evitar daños durante el montaje y mantenimiento.

  ✓ Seguridad en las personas

Con objeto de evitar que las personas sufran accidentes durante el montaje habrá que:

- Disponer de agua fresca para hidratarse
- Hacer uso de los equipos de protección colectiva e individual
- Mantener alejado al personal ajeno a la instalación, señalizando la misma

Seguridad de las personas

- ✓ Sistemas de puesta a tierra y apantallamiento

Se tiene que revisar e inspeccionar el sistema de puesta a tierra, registrando la siguiente información:

- − Estado de los conductores del sistema
- − Nivel de corrosión
- − Estado de uniones de conductores y componentes
- − Valores de resistencia
- − Registro fotográfico
- − Propuestas de mejora si las hubiera
- ✓ Calidad de los equipos utilizados

Es necesario comprobar que paneles, inversores, cables, etc..., dispongan los certificados de calidad que los garanticen.

También es indispensable que sean de fabricantes reconocidos que garanticen un buen servicio postventa y faciliten la obtención de repuestos.

7.4. Equipos de protección individual

En los trabajos de montaje y mantenimiento de las instalaciones fotovoltaicas se requiere del uso d equipos de protección individual (EPIs) específicos que garanticen la seguridad de los trabajadores y minimicen los riesgos asociados a sus funciones:

- ✓ Calzado de seguridad

Tiene que proporcionar una buena tracción para evitar resbalones y caídas, especialmente cuando se trabaje en alturas

Además, deberá tener las punteras reforzadas para proteger de lesiones por caída de objetos.

Calzado de seguridad antideslizante y reforzado

- ✓ Arneses de seguridad

Cuando se instalan paneles en altura como es el caso de tejados, techos o estructuras elevadas, es crucial hacer uso de arneses de seguridad.

Estos deben de cumplir con las medidas de seguridad y estar bien anclados, ya sea mediante líneas de vida u otros elementos.

Arneses de seguridad

Anclajes para líneas de vida

- ✓ Guantes de protección

El uso de los guantes es necesario para protegerse de cortes, abrasiones y quemaduras.

Dependiendo de la tarea que se vaya a realizar, pueden ser guantes aislantes para trabajos eléctricos, resistentes al corte para manipular vidrio o metal, o de agarre para manejar herramientas y paneles.

Son especialmente necesarios en los trabajos de mantenimiento de baterías para evitar accidentes a la hora de trabajar con ácido cuando sean del tipo ácido-plomo.

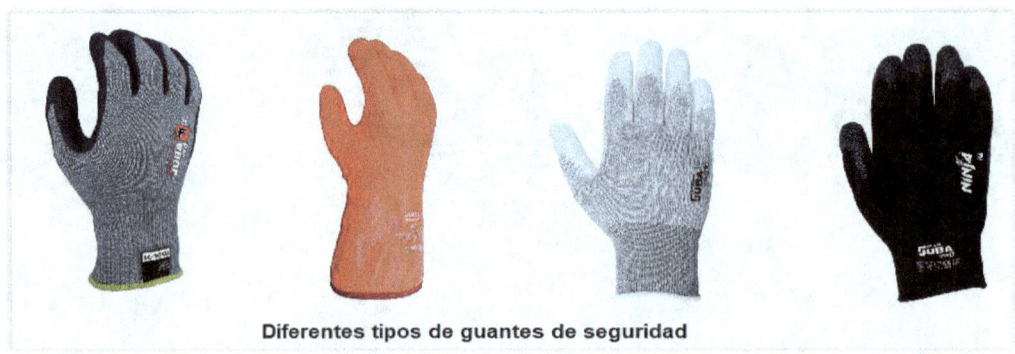

Diferentes tipos de guantes de seguridad

Uso de guantes de seguridad

✓ Ropa de trabajo adecuada

La ropa de trabajo debe resultar cómoda, pero ofreciendo protección contra cortes y abrasiones. Los materiales de la ropa no deben propiciar la acumulación de carga electrostática y deberán ser preferiblemente resistentes al fuego.

Ropa de trabajo adecuada

✓ Botas dieléctricas

Son fundamentales para proteger de choques eléctricos, asegurando un buen aislamiento de tierra en caso de contactos accidentales con tensión, y reduciendo el riesgo de electrocución.

Modelos de botas dieléctricas

Operarios con botas aislantes eléctricas

- ✓ Casco de seguridad

La utilización del casco es imprescindible para proteger la cabeza de lesiones producidas por impactos originados por caídas de objetos o herramientas.

Al tratarse de instalaciones fotovoltaicas, tiene que ser también aislante para proteger de contactos eléctricos.

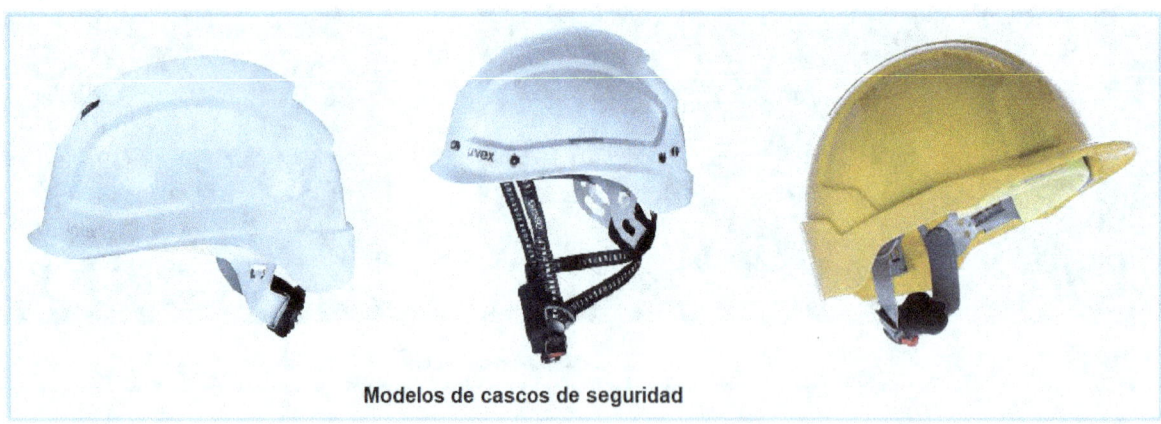

Modelos de cascos de seguridad

Operarios con el casco de seguridad

✓ Gafas de seguridad o protector facial

El uso de gafas de seguridad y/o protección facial es necesario para la protección de los ojos frente a lesiones por entrada de partículas, radiaciones ultravioletas, salpicaduras de líquidos, etc...

Son especialmente importantes cuando se hacen trabajos de corte de materiales o cuando se están realizando soldaduras.

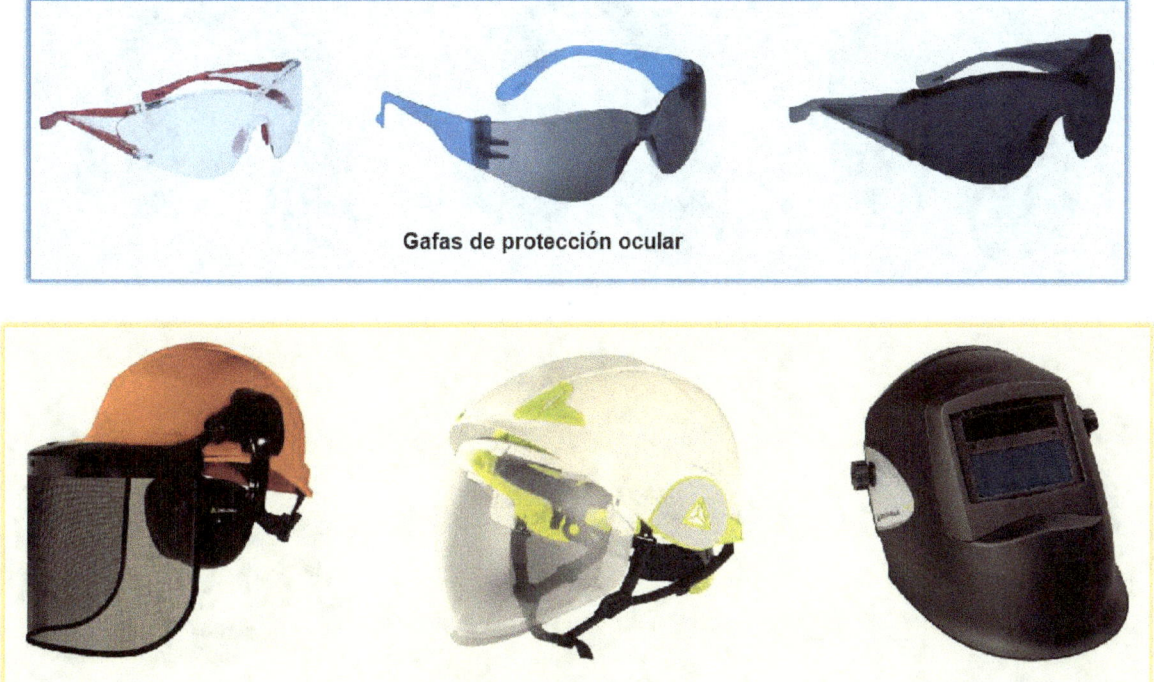

✓ Protector solar y ropa de protección UV

Al estar tiempos prolongados sometidos al sol a la hora de instalar y mantener las instalaciones fotovoltaicas, es crucial disponer de protector solar y ropa que proteja de la radiación ultravioleta para evitar la aparición de quemaduras solares y otros daños derivados del sol.

✓ Protección auditiva

Se necesita al trabajar en entornos con nivel de ruido elevado, debido al uso de maquinaria, herramientas u otros factores.

Para ello, se usan tapones o auriculares que protegen el oído de daños.

Auriculares para protección de los oídos

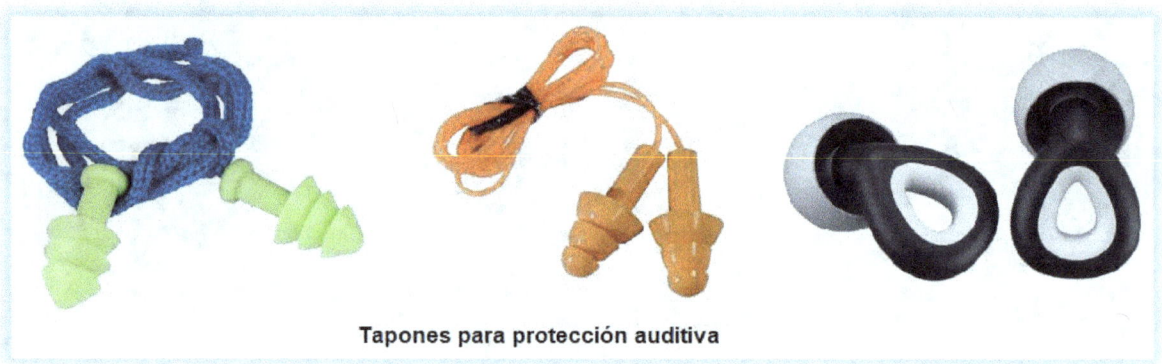
Tapones para protección auditiva

7.5. Cumplimiento de la normativa de prevención de riesgos laborales

La normativa que afecta a la prevención de riesgos laborales en instalaciones fotovoltaicas viene regulada por la Ley 31/1995, de 8 de noviembre, de Prevención de Riesgos Laborales.

Esta Ley transpone al derecho español la Directiva 89/391/CEE europea.

Nos dice que el plan de prevención de riesgos laborales debe estar integrado en el sistema de gestión de la empresa en todos sus niveles y tiene que incluir la estructura organizativa, funciones, prácticas, procedimientos, procesos y recursos necesarios para realizar la acción de prevención de riesgos en los términos establecidos.

Una vez determinados los riesgos, la empresa definirá las medidas de carácter general y personales que atañen a cada trabajador.

7.6. Cumplimiento de la normativa de protección ambiental

A la hora de implantar de una instalación solar fotovoltaica hay que tener en cuenta si existe alguna restricción de tipo medioambiental en la ubicación de la misma, por lo cual, habrá que consultar con los organismos competentes la viabilidad del proyecto.

Como norma general, aquellas instalaciones de pequeña envergadura no van a tener problemas en este aspecto, y serán las que conlleven grandes potencias, y por tanto gran extensión, aquellas que precisen de verificar si se pueden llevar a cabo.

Es el Ministerio de Transición Ecológica y el Reto Demográfico el en cargado de decidir qué zonas son de mayor o menor impacto ambiental para cada actividad.

Concretamente, y en lo que se refiere a energías renovables, y con más exactitud, a las instalaciones solares fotovoltaicas, ha creado el denominado modelo de zonificación de sensibilidad ambiental consistente en clasificar las zonas de España con un índice de sensibilidad que va de 0 a 10 en cuanto a esa sensibilidad, siendo 0 el valor que excluye totalmente la posibilidad de implantación de energía fotovoltaica y 10 el valor que la permite sin ningún tipo de problema.

Podemos observar a continuación sendos mapas de la Península y Baleares, así como el de las Islas Canarias coloreados por zonas, siendo el marrón oscuro el correspondiente al nivel 0 y, conforme va aclarando, aumenta hasta llegar al blanco que corresponde al nivel 10.

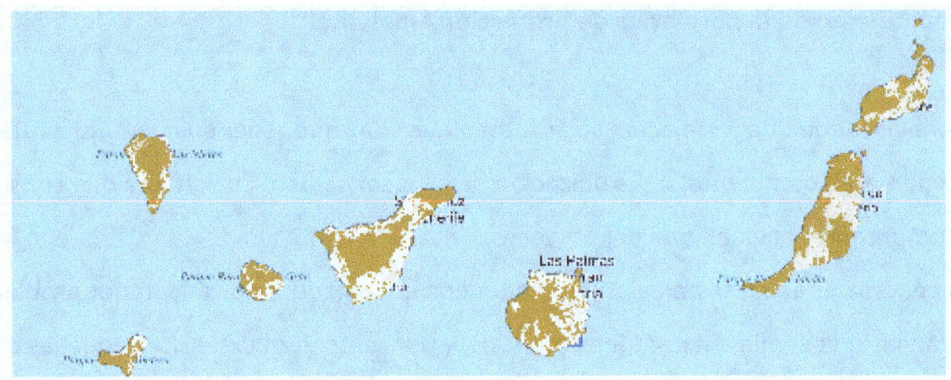

Antes de ejecutar un proyecto de instalación fotovoltaica se debe realizar, según las características y envergadura del mismo, una evaluación de impacto ambiental que habrá que presentar mediante un estudio a los Organismos Competentes junto a la solicitud de viabilidad del proyecto.

El Estudio de Impacto Ambiental se realiza en base a la información facilitada en el proyecto por el titular del mismo que se cruza con los datos de campo de flora, fauna, patrimonio, hidrología, socioeconomía, etc..., recopilados por técnicos de evaluación de impacto ambiental que permitan detectar, analizar y cuantificar los impactos ambientales, y de esa manera adoptar las mejores medidas preventivas, correctoras y, en último caso, compensatorias.

7.7. Actividades

- Cuestiones

1. Indica las fases del ciclo de vida de una instalación solar fotovoltaica.

2. Cuáles son los riesgos comunes de una instalación fotovoltaica.

3. Indica los riesgos específicos de una instalación fotovoltaica.

4. Qué es el valor esperado de pérdida.

5. Qué se debe tener en cuenta para valorar la probabilidad de que ocurra un daño.

6. Cómo se pueden considerar (tres formas) la consecuencia y severidad del daño.

7. Cómo se pueden considerar los riesgos en función del valor esperado de pérdida (VEP).

8. Indica las medidas a tomar en la prevención de riesgos en el montaje y mantenimiento.

9. Qué medidas de seguridad se deben tomar en los sistemas de puesta a tierra.

10. Haz una relación de equipos de protección individual a utilizar en los trabajos de montaje y mantenimiento.

11. Cuál es la normativa a cumplir en materia de prevención de riesgos laborales.

12. Explica lo que es un estudio de impacto ambiental.

- Ejercicios

1. Determina la gravedad de un riesgo en una instalación fotovoltaica, y las acciones a tomar, sabiendo que la probabilidad de que cause un daño es media, y que el accidente en caso de que se produzca se considera dañino.

2. Indica debajo de cada figura, el nombre del equipo de seguridad individual de que se trata.

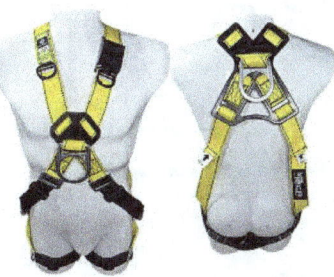

www.ingramcontent.com/pod-product-compliance
Lightning Source LLC
Chambersburg PA
CBHW062313220526
45479CB00004B/1151